心态不同，一切都会随之改变。

◎ 她力量系列

因诚而美
在资生堂学会的女性职场工作法

[日] 关根近子　著

高昕　译

SPM 南方传媒 | 广东经济出版社

·广 州·

图书在版编目（CIP）数据

因诚而美：在资生堂学会的女性职场工作法 / （日）关根近子著；高昕译. —广州：广东经济出版社，2022.2
ISBN 978-7-5454-8181-5

Ⅰ.①因… Ⅱ.①关… ②高… Ⅲ.①女性—成功心理—通俗读物 Ⅳ.①B848.4-49

中国版本图书馆CIP数据核字(2022)第013069号

责任编辑：陈念庄　李雨昕
责任技编：陆俊帆

版权合同登记号：19-2018-110

因诚而美：在资生堂学会的女性职场工作法
YIN CHENG ER MEI：ZAI ZISHENGTANG XUEHUI DE NÜXING ZHICHANG GONGZUOFA

出版人	李　鹏
出　版 发　行	广东经济出版社（广州市环市东路水荫路11号11～12楼）
经　销	全国新华书店
印　刷	佛山市剑桥印刷科技有限公司 （佛山市禅城区轻工二路9号一座首层之三）
开　本	889毫米×1194毫米　1/32
印　张	5
字　数	90千字
版　次	2022年2月第1版
印　次	2022年2月第1次
书　号	ISBN 978-7-5454-8181-5
定　价	48.00元

图书营销中心地址：广州市环市东路水荫路11号11楼
电话：（020）87393830　邮政编码：510075
如发现印装质量问题，影响阅读，请与本社联系
广东经济出版社常年法律顾问：胡志海律师

序　言

一听到“资生堂”，不知大家会联想到什么呢?

“一瞬之美、一生之美”是资生堂的企业宗旨，会让人联想到“美”“女性”“肌肤”等，也可能让人联想到“电视广告”“模特”“受女性欢迎的企业”“更适合女性的企业”等。

但是我认为大家想到更多的还是“化妆品”。

许多商场、化妆品专卖店以及日本本土的药妆店等都在销售资生堂的化妆品，所以许多人可能会认为“资生堂的员工都对‘美’有一定的追求，化妆技术也一定相当娴熟”。

确实，资生堂的许多员工在“美的意识”方面都有着很高的追求。

在资生堂工作了40多年，我学习到的一点是相较于外在、内在，“用心”更为重要。

○传承资生堂的“诚意之心”

这是我第一次写书，在这里，先向大家做一下简单的自我介绍。

从山形县高中毕业后，我便直接进入了当地的资生堂销售公司工作。

一开始我是在门店做一名美容顾问（BC），这也是我职业生涯的开始。在门店工作了十年后，我开始负责与BC培训相关的工作，这便是另一个十年的开端。

38岁时，我被调往分公司“Dicila”（中文名：蒂思岚），担任营业部部长。先后担任了营业部部长及本部长后，我再次回到了资生堂本部。以企业负责人的身份回归后，我便前往宇都宫，同时开始在日本有名的、号称“营销竞争战场”之一的大阪工作。

随后，我在56岁那年，首次被派往国际事务部工作。在这片从未涉足过的全新领域中，开始了对国外BC的培训工作。

现在，我担任执行常务董事一职，负责美容相关的所有工作。如上所述，虽然入职以来一直在资生堂工作，但是在这里，我拥有了从现场销售到公司管理、员工培训、海外教育、产品营销等一系列的工作经验。

对我来说，不论工作部门、职务类型如何变化，有一点从始至终未曾改变。

那便是，传承资生堂的“诚意之心”。

2014年是资生堂BC的前身——“资生堂小姐”诞生80周年。

如今，BC作为化妆品销售方面的专家，在许多商场专柜及化妆品门店都能见到，其实，这一职业最早起源于资生堂。

昭和初期（昭和时代：1926年12月25日至1989年1月7日），化妆这一概念还未普及，当时的资生堂不仅仅想卖出产品，还想为客户“提供正确的产品相关知识”“为每位客人制订专属的美容方案”“让化妆品成为顾客生活中不可或缺的一部分”。于是，资生堂发布了“寻求家庭背景良好的女子”的宣传广告，并从近250名应征者中选出了9名女性，“资生堂小姐”也就此诞生。

她们将最新的美容方法和技术通过近代美容剧（戏剧）的形式介绍给大众，并在演出结束后，为排队等候的顾客开展一对一的美容咨询。“资生堂小组”就是BC的原型。

这种咨询服务于1872年（明治五年）首次出现在日本

首家调剂药局（资生堂前身），我认为“资生堂小姐”这种构想正是源于资生堂深谙咨询的重要性。

100多年后的今天，当初以9名“资生堂小姐”为出发点的一系列构思和活动依然在继续，并且在89个国家和地区中，“SHISEIDO BC OMOTENASHI CREDO（资生堂美容顾问待客之道行为准则）”也已成为22000多位BC奉行的工作准则。

因此，“真诚待客”的工作准则也成了资生堂的王牌武器之一。

○走心，开启销售新时代

近年来，我们所处的环境与BC刚刚诞生时相比，已经发生了很大变化。

现在，人们可以通过网络快速、便捷地获取诸多信息，在家也能轻松购物。足不出户就能掌握一手信息，入手最新产品。此外，顾客在消费及服务方面的需求也更加多样化。与此同时，日本进入了少子化与高龄化的时代。

资生堂不能一味沉溺于以往的成绩，而是要不断思考怎样才能给顾客更多新的福利。

此外，为实现公司长远发展，增加回头客也十分重要。

这一点不仅对资生堂很重要，对其他企业来说同样重要。

有人说，当今就是一个“卖不出去东西”的时代。

不少企业都在头疼：“产品的质量不输于别家，但就是卖不出去。”

“我们对自家产品的设计充满信心，但一直没能引起轰动。”

“不管怎样营销，总是无法赢得新客户的青睐（或是留不住回头客）。”

如果只注重产品的质量、性能和设计，是无法吸引顾客前来购买的。

那么，顾客究竟是从哪些方面来判断产品价值的呢？其实，这个问题因人而异。

但有一点可以确定，那就是追求“内心满足”的客户的数量正在逐年递增。

在如今这个物质和信息都极度充裕的时代，各种新产品层出不穷。从消费者的立场来看，虽然有了更多选择的余地，但不知道自己真正需要的是什么了。今后我们要做的，就是为顾客挑选适合他们的产品，并帮助顾客找到真正需要的产品，同时，给顾客提供从别处无法享受到的满足感，充分考虑不同顾客的不同需求也是十分必要的。

所以，我写下这本书，想与大家分享在资生堂40年的工作生涯中，不断发展的“真诚待客”之道以及这一准则在工作中所起的作用。

○“真心”之人与“无心”之人

我有一次坐出租车时，发生过这样一件事。

那是夏日里十分闷热的一天。我一边擦汗一边上车，告诉司机先生目的地后，他递给我一块湿毛巾。

我赶忙道谢，从他手中接过时惊讶地发现，毛巾居然是冰过的。擦拭完手和脖颈处后，黏腻感和燥热便一扫而空，顿时感觉身心舒畅。

我向司机先生询问，是不是因为公司要求才为乘客提供冰毛巾。听他说完后才知道，原来这是他夫人的提议。想来，他夫人一定是为了让在炎炎夏日选择乘坐出租车的乘客有一段舒适的旅程，提前一天在自家冰箱中备好了足量的湿毛巾吧。想到这里，我心中一阵温暖，那一整天都感觉特别幸福。

这尽管只是一件小事，但司机先生及其夫人认真地思考了怎样能使乘客更加舒心，并付诸行动费心准备了这些。这就是"真心"所在。

但是，"真心"之道并不是简单效仿就能轻易掌握的。

比如，一个人平时仪容整洁，时刻笑容满面，态度良好，但如果没有设身处地为顾客着想，那么他就算不得是满怀真心的。

此外，展现在礼仪培训和指导课中学到的规范仪容仪表，并不能算作真正意义上的待客之道。简单来说，是因为这种培训指导现场并没有顾客，而设身处地地为顾客着想，才是"真诚待客"，我会在后文详细解释。

从为对方考虑这一角度来说，所谓"真诚待客"，也并不仅仅适用于接待顾客。

近年来，许多人因为在职场中无法处理好人际关系而苦恼不已，因为心理问题而选择离职的人也越来越多。因此，为经营好人际关系，顺利推进工作，怀着一颗体谅对方的"真诚相待之心"尤为重要。

这同样适用于职场以外的其他场合。

比如在为恋人挑选礼物的时候便是如此。同样是挑选礼物，如果只考虑预算和东西是否时尚，对方可能并不会感到开心，而一份让人欣喜感动的礼物，往往是充分考虑了对方的习性和喜好。与人相处时满怀真心，不理想的人际关系便会有所改变。因为我们会自然而然地考虑怎样能让对方舒心。

同样的，与难以亲近的人和难以相处的上司之间的关系也能因此改善不少。我们会更加理解对方，自己也会变得积极向上。

赢得他人的信任，也会为工作带来正面影响。

若本书可以让想要积累职场经验、提高待客技巧或在职场不顺、未能发现工作的意义、有着许多烦恼的读者获得一些启发，我倍感荣幸。

关根近子

2014年11月

目　录

第一章

以“诚意之心”促诸事圆满

“我们的工作，是让顾客充分

发挥魅力。”

第一节

顾客不会选择“满脑子都是销售”的人

“你是想把化妆品卖出去的吧？”

记得大约是在35年前，也就是我进入公司的第6个年头，还在山形县做BC时，有位前辈问了我这个问题。当时我刚从化妆品卖场被调到大型超市，在为活动设立的“促销小组”中工作。

我们的场地就在卖鞋区旁边，是一间专门为活动临时腾出来的店铺，和大家想象中的百货大楼或是商场中所谓的化妆品卖场并不一样。这里几乎没有顾客是为了购买化妆品而来，而我的工作，就是上前和这些来买食品、生活用品的顾客交谈，向他们推销化妆品。

这些顾客基本上脑子里都是晚餐的菜单、要添置的日用品，所以即使我们跟他们说“这是今年春天口红的新色号”“您可以考虑试试看”，也大多会被无视。有些时候他们甚至会毫不掩饰地露出一脸嫌弃的表情，也有顾客会埋怨说“太烦人了”。

“我的工作是不是真的招人烦呢？”

在此之前，即便被前辈斥责，无数次地被顾客拒绝，我也没有对这份工作心生厌恶。但是这次，我第一次有了想要辞职的念头。

比起卖不出去商品，更让我难以忍受的是客人无休止的无视和拒绝。

在旁人看来，我的烦恼可以说是写在了脸上，前辈看不下去才来关心我，也就有了开头的那个问题。

越是想要销售，与顾客的距离就越远

作为一名BC，销售化妆品是基本工作。

不仅仅是BC，几乎所有的工作都是如此，如果商品或服务无法推销出去，工作也就无法继续。

东西卖不出去，公司自然无法盈利，进而就会走向破产和倒闭。就销售人员来说，业绩上不去，就无法获得上司的赏识，加薪更是难上加难。在职场当中，这应该是让人很没面子的事吧。

所以，想尽可能地把商品推销出去，想要提高业绩，这些都是理所当然的事。

然而，一旦先有了想要把商品卖出去的念头，业绩就总是魔咒般地止步不前。当时的我就是这种情况。

在前辈与我谈心之前，这种状态就一直持续着。

“我们的工作，是让顾客充分发挥魅力。”

当时的我恍然大悟：我只顾着把商品卖出去，一心想着能有人来买。换句话说，就是卖我自己想卖的东西。

干销售这一行的人，肯定都有销售定额和销售目标，也一定会想要把自己觉得不错的产品卖出去。我也是如此。

当时每个BC都有定量的销售任务，特别是为提升销售量而推出的卖出促销商品的任务。为了完成销售任务，我真是废寝忘食。

而结果是，只换来客人的冷眼相待。

如果站在顾客的角度考虑，一切也就不难理解了。

举个例子，在你挑选西服时突然有店员围上来，完全不顾你的感受就开始推荐其他东西，肯定会让你觉得厌烦吧。店员将“想卖东西”“想让你买”的想法表达出来，无异于“强行推销”。当顾客有了这样的感受，自然就不会想在这里买东西了。

此外，就顾客来说，听到“这是我们的新品，您可以试一试”的推荐，如果不合心意便不会想要了解，“强行推销”也会引起顾客的反感。

退一步来说，假若顾客在店员的“强行推销”下最终购买了商品，也会一直带着“这是被迫买的”“这次真是吃亏了”“要是当时不买就好了”等负面情绪，以后也不会再来店里消费。

所以，无视客户心理需求的强买强卖，或许会带来短暂的眼前利益，但从长远来看，未必会换来好的结果。

同样是向客户推销商品，如果客户感受到的是“强迫”而非“真心推荐”，那么增加客源便是句空话，更别说培养回头客了。

“你是想把化妆品卖出去的吧？”

前辈当时的这句话给我带来了很大的影响，他让我意识到：自己并没有站在客户的角度思考，只是在“为销售而销售”。

从“销售额以外的目标”出发有何作用

增加客源，并不只是为了“提高销售量”和“增加销售额”。

话虽如此，但万事总是开头难。所以首先，大家可以试着想出一个目标，譬如“心怀感恩”“增长知识”或是任何销售额之外的事。我为自己确定的目标，就是“为顾客找到他们的魅力所在”。

工作目标发生变化，待客意识和方法也会随之改变。我们会很自然地思考怎样能让顾客感到更加幸福、有好的体验感，怎样能让顾客焕发出更多的光彩。

具体来说，不是用“这是我们的新款眼影”“这款化妆水保湿效果很好”等产品优先的方式来与顾客沟通，而是根据每位顾客的容貌，找到她们的闪光点，再进行下一步行动。

比如：“您本身的眉形很漂亮，如果眉尾处再稍加修饰，整个面部会更和谐，也会显得您的眼睛更大，不知道可否耽误您五分钟呢？”以这样的方式跟顾客交谈，向顾客提出化妆或是护肤方面的建议就会更有效果。

而想要第一时间确定与顾客容貌特征契合的美容方案，丰富的经验必不可少。

因此，为了尽可能多地了解不同类型的顾客，我曾经仔细地研究、分析过平时生活中遇到的各种女性，其中就包括照片刊登在杂志中的模特、坐电车时坐在我前座的女性以及在卖场中遇到的客人。在观察的过程中，我会注意到对方的独特魅力和带给人们的不同感觉，比如“这位给人的印象是十分知性的”“这位真的让人觉得特别可爱”等。思考采用哪种妆面能让顾客的魅力充分散发，这便是一种训练。

此外，我还请朋友做我的实践对象，通过帮她们化妆来提高我的化妆技术。

所以，在挖掘客人魅力的过程中，也能为自己赢得让对方驻足停留的宝贵时间，这样，下次再来光顾的客人也会慢慢增加。

“你帮我化过妆后，那天的相亲特别顺利。谢谢你。”曾经有位客人特别开心地这样跟我反馈。还有客人说“回去后被老公称赞变漂亮了”“同事夸我容光焕发了”。

还有一些老顾客介绍自己的朋友来店里，那几个月里甚至有许多顾客指定我做她们的美容顾问。回头客增加了，销售额自然会提高。所以，不让卖出产品的想法先入为主，效果反而更好。

也正是有了这些经历，“我的工作就是让女性更加光彩照人、露出灿烂笑容”“想进一步发掘顾客身上的闪光点”的想法也愈发强烈。

“从顾客出发”——行家里手的共通点

因为自己也曾经历过，所以明白在销售任务和数字的压力之下确定销售额以外的目标并不是件容易的事，这需要相当大的勇气。之所以这么说，是因为平时本就工作繁忙，时间紧张，做这些事看起来无异于绕远路。

但是这种情况不只发生在化妆品销售这一行，许多经常与客户打交道的行家里手也不会一味地将销售额放在首位。

我很信赖的一家服装店的导购便是如此。偶尔我也会想换换风格，但如果她觉得衣服不适合我，就一定不会推荐，而是会直接告诉我：“关根女士个子比较高，这种粗条纹的款式会显得您身形更宽”“粉色调的甜美款，似乎不太符合您的气质”。

我很清楚，就算店员用“特别漂亮”“很适合您”的客套话说服我买下，最后我也不会穿在身上，一定会后悔购买了这件衣服。其实在别家店买来的甜美款衣服也都被我搁置在衣柜中没再拿出来过。

她似乎比我更了解自己，总是能给我最准确的建议，因为她希望顾客能挑选到真正适合自己的衣服，展现美丽，也是真心诚意地希望顾客开心。所以我相信她，相信她是一名真正的服装专家。

此外，也经常有知名企业家提到，“结果（数字）稍后见分晓”，毫无疑问，这句话就是真理。

不让卖出产品的想法先入为主，效果反而更好。

第二节

你的“价值”并不取决于上司

“这个月底之前必须得再卖出去5万日元的东西。”

“这周就要交货了，如果销售量还上不去就完了。”

应该有许多人都是一边想着这些问题一边工作。

但是人们究竟为什么在工作时只关注销售额和盈利呢？

其中很重要的一个原因是，想要获得他人的认可，不想被看作无能之人，所以才会只顾公司的任务指标和上司、同事的眼光。当然也不能排除在一些工作环境中不得不只考虑这些的情况。

但是，我们的工作价值并不取决于上司。

销售这一行所仰仗的，终究还是顾客的消费额。

那么，有没有顾客是为了帮你提高销售额而前来消费的呢？答案是：没有。因为顾客只有在判定某一商品对自己来说有价值或有用时才会出钱购买。

那么，顾客是如何进行判断的呢？商品和服务不必说，相关的销售人员和营销负责人的待客态度也是重要的判断依据。

如果站在顾客的立场考虑，这一点不难理解。

比如，我们在选择理发店时考虑的不仅是理发师的手艺，理发师的人品和整体的消费环境也是影响我们选择的重要因素。

与此相对，不管一家餐饮店的东西有多美味，但只要服务人员态度不够好，顾客便可能不会再来光顾。

不仅是待客的态度，我们工作的好坏也需由顾客进行评价。如果没有获得顾客的肯定，没能被顾客选择，想要做出成绩便是一句空话。**同样，公司能否盈利也都取决于是否可以获得顾客的认同。**

如果将这些抛诸脑后，而将公司战略、目标和上司的评价放在首位，那么最后不仅你无法得到上司的肯定，整个团队也会失去凝聚力。

比起上司，顾客“点赞”更为重要

我认为自己非常幸运的一点便是刚工作就能以BC的身份直接接触顾客。我曾看过他们的笑颜，也曾收到过他们的夸赞，所以从一开始就很清楚地知道“顾客是第一评价者”。

因为我一直特别坚持这一点，所以对于上司来说，可能我不能算作一个“听话”的员工。

就这样，一直到工作的第19个年头，我被调往资生堂刚刚成立的分公司Dicila，负责新产品在整个山形县的营销工作。

由于是新产品，所以根据上司的指示，我需要着手增设新门店。但是我走的第一步，是大力提高最先签约的8家门店的销售额。因为我认为，如果这8家门店都无法获得顾客的认同，也就没有再开设新门店的必要。

确实，如果增加门店数量，那么产品的出货量也会随之增多，这时即使没有顾客购买产品公司也能盈利。但是如果只以增设新门店为目标并非长远之计，同时会耗费现有门店的管理时间。

因为Dicila采用先让顾客使用样品，亲身感受到产品效果后再进行推销的方法，所以销售额的增加需要一定的时间。这让当时门店的工作人员十分不安。

我认为在销售额上涨前，必须在产品说明和待客建议方面为他们提供全方位的支援。我希望通过这种方法增加优质门店的数量，安抚工作人员。同时，这一做法也有利于公司的发展。

最后我并没有急着增设新门店，而是选择一步一个脚印踏踏实实地干。计划顺利进行，最终山形县门店的产品销量在Dicila的全国门店销量中稳居第一，我也获得了许多人的认可。

而我之所以不惜违反上司指示也要坚持自己的方法，就是因为我坚信“顾客至上，顾客的认可高于一切”。

因“顾客至上”取得成功的企业

纵观商界，许多成功企业都在全力贯彻“顾客至上”的经营理念。

例如以前我外出时经常入住的里士满酒店（当时名为大和Roynet酒店），就是践行“时刻为了顾客”这一经营理念的企业之一。酒店房间干净，空间宽敞，同时兼顾女性顾客的需求调整入住环境的舒适度，这也是其作为一家商业酒店较为吸引人的地方。但是最让我钦佩的，要数里士满酒店每位员工的高水准服务。他们带给顾客的永远都是清爽利落的感觉，不论多忙都笑容满面，对顾客的任何疑问都会耐心解答，满足顾客需求。

全国范围内的连锁酒店中，不少酒店因地方不同而服务质量参差不齐，但里士满酒店不同，不论去到哪家分店，顾客都能享受到最优质的服务，这一点让人十分放心。实际上，在国际机构进行的一项顾客满意度调查中，里士满酒店就曾连续8年蝉联“住客满意度排行榜（房价区间为9000~15000日元）”第一（截至2014年）。

在我周围也有这样一位时刻将顾客放在首位的人，他便是我在山形县筹备新家时给予我关照的住宅开发商。

当时为了确定建筑风格和选定工人师傅，我看了不少房屋样板，整个过程中最负责的人就是这位先生。当然，在装修完工之前对顾客负责是他的分内之事，但在完工后他仍然多次来我家里听取我的意见，并进行必要的房屋维护，这让我备受感动。所以我想，如果还有翻新家里住房的机会，一定会再请他来担任负责人。

当然，我们无法做到事事都能满足顾客的要求。但是，尽最大可能达成顾客的要求与不见好处就敷衍了事，这两种做法所收获的评价一定有着天壤之别。

当你觉得不论怎样工作都不是很顺利时，如果能重拾“顾客是第一评价者”的初心，那么无论何时都能以崭新的姿态面对顾客，也能少走许多弯路。

决定你工作价值的并非公司，也不是上司。

第三节

珍惜与顾客的每次相遇

“满怀期待而来，满载幸福而归。”

对于从事化妆品行业的我来说，这就是我的工作信条。

化妆品象征着美丽，我希望顾客在购买时能享受这份美丽带给她们的心动和憧憬。能让大家在购买后高兴，变美后开心，对我来说就是最大的褒奖。

所以我的目标就是让卖场的每一位顾客回去后都会觉得“能遇到关根真好”。

之所以会有这样的想法，还要归功于令我难忘的两位顾客。

小小商品也有改变人生的巨大力量

其中一位顾客是大约35年前在我这里购买过一瓶玫瑰味香水的中年女性。

当时那瓶香水售价将近2万日元，并不便宜，所以顾客一直很犹豫，在我建议她跟她的先生保密后，才决定买下。

为了让顾客充分感受到这款香水的魅力，我提出了好几条使用建议，比如："喷一点在被子里，睡觉的时候仿佛置身于玫瑰花园中，特别舒服""也可以喷一些在熨斗台上，这样西服上也会散发玫瑰香"。

半年多后那位女士和她先生一起来到店里，对我感谢道："真谢谢你当时推荐那么好的香水给我。"

我了解后才知道，原来这位顾客常年受压力型胃炎折磨，一直没能找到很好的缓解办法，但伴随着玫瑰的香味入睡后，疼痛却奇迹般地消失了。她的先生很快就注意到了妻子的变化，询问原因后，妻子将香水的事情如实告诉了先生。夫妇二人觉得无论如何都要来说声感谢，于是特地来到店里与我分享他们的喜悦。这一切无法用科学解释，但对于我和这位顾客来说，都是奇遇。

另外一位，是我在山形县做BC时遇到的年轻女性。

那时她说自己从来没有化过妆，我觉得机会难得，便帮她化了一下。她本身就皮肤白皙，像博多人偶一样十分可爱，化过妆后整个人一下子就变得耀眼了，所以她也非常开心。几天过后，她便购买了一整套化妆品。

在那之后，她每个月都会过来一次，尝试新的妆面，和我一起聊聊化妆品，永远都是神采奕奕、享受其中的样子。然而，从某一时间开始她就突然再没来过了。

直到有一次她的母亲来到店中，我才知道原来她已经过世了。

她的母亲告诉我，她从小身体不好，长期在家中养病，所以一直没能去学校上课。但是自从她在我这里买了化妆品后，即便依然只能待在家里，但每天对着镜子化妆时都特别开心。她跟我见面时也总是很开心地聊到“口红这样涂会更漂亮呢”“我挺适合这个颜色的”等。

她的母亲说：“女儿的人生虽然只有短短19年，但她在生命最后的时光中体会到了化妆的乐趣，她的开心就是我们最大的幸福。”在她离开后，家人们将她生前用过的所有化妆品都放进了棺椁里。听到这里，我不禁潸然泪下。

O 给商品注入一份“真心”

之前的我在接待顾客时一心只想让他们高兴，但有了这样的经历，我才知道原来自己也能给对方的人生带去新的色彩和希望。

所以我开始重新思考：一定要对每一位顾客认真负责，任何时候都真诚相待。

在如今这个一切都很便利的时代，网购已不再是件难事。所以不仅仅是化妆品，很多东西都没有必要再去实体店购买。但正是因为这样，直接与顾客接触的工作的价值，便也不言而喻了。

“正因为是可信赖的店员推荐的西服，所以穿着也十分放心。”

“多亏店员认真细致地讲解才能挑选到合适的商品。”

“用舒心的待客方式，让顾客度过一段美好时光。”

这样的谈话，也正是因为有人参与其中才能倍感喜悦。

实际上有些人认为接待顾客这件事无论谁做都一样。

但是在商品和服务中注入真心，才能称为接待顾客。换句话说，用真心接待顾客是实体店铺成功的关键所在。

我们在思考如何才能让顾客感到开心时，就要站在顾客的立场，提供顾客真正需要的“接待”，然后让顾客发自内心地觉得“能遇到这样的工作人员真好”。这一点将会在今后的待客之道中变得更加重要。

第四节

“权威人士”的说话技巧

前文提到了在接待顾客的基础上还应有想法和做准备，接下来，我将就具体方法和应采取的措施展开介绍。

销售人员在产品推销的前期准备中，首先必须要深入了解产品的相关知识。或许有人会不理解：“相关知识我提前了解过了啊。”

但实际上，一些人只是机械地掌握了上司或公司分配的产品信息，很多细节却不了解。

比如，有些人每天在银行或是保险公司的服务窗口推销理财产品，但除了满腔抱怨外对其他一无所知。还有一些人负责产品生产后的运营管理，但因为并未亲自使用过产品，对产品的一些细微功能完全不了解。这样是无法获得顾客认同的。

10年的BC工作结束后，我开始负责美容的相关讲座，那时便深深地体会到了这一点。

讲座负责人不仅要和BC一样面对顾客，还要向门店店长和店员介绍新品特征、教授更好的产品介绍方法，但是真正决定讲座内容的还是后期的销售情况。

如果我在讲座上只是将“这款化妆品中添加了某种成分，有着这样或那样的效果”等报告书中早就有的信息介绍给听众，一定不会打动听众。因为许多前来参加培训的人都比我更具化妆品销售经验。所以仅从这样浅显的层面进行说明肯定不会获得大家的认同。更何况，许多店铺与多家厂商有合作，他们在同一时期会收到来自各大厂商近乎相同的新品报告，我这样的宣讲方法一定不会令他们记忆深刻。

无法说服自己当然无法说服别人

除了新品，针对现有产品我也会区分不同的肤质和使用环境，在自己身上进行测试，亲自确认效果后再向其他人进行介绍说明。

如果在介绍的过程中亲身体验并说出自己的感想，销售门店的负责人都会认真思考，并且有很多人也会有亲自试试的念头。我认为，正是通过我的亲自体验证实了产品效果，介绍给大家时充满自信，所以产品的优点才能真正被大家看到。

与之相对的是，仅凭来自他人的信息就表现出一副自己什么都懂的样子，是无法真正将信息传达给顾客的。

自己去体验、去学习、去思考怎么将信息传达给顾客，先从说服自己开始，一步一步，渐渐地你的话自然会越来越具有说服力。

话虽如此，但是要将所有产品逐个买下来进行测试还是不太现实，如果有一些产品价位很高就更困难了。这时，就需要我们把自己想象成顾客。如此一来，就能知道顾客到底想了解些什么、想要听到哪方面的产品说明了。所以，在挑选产品方面重点调查学习是有益于我们的工作的。

第五节

不要否定任何一位顾客

前文主要跟大家介绍了在向顾客传达商品信息时应注意的重要事项，本节将会跟大家分享资生堂BC成功发掘目标顾客需求的秘诀。

简单来说，就是“倾听、倾听、再倾听”。

倾听的好处主要有以下三点：

1. 能够深入了解顾客；
2. 可以获得相关知识和信息；
3. 能够赢得对方的好感。

跟顾客聊得越多，就越能了解对方的价值观和真正想要的东西，与其相处起来也会越来越融洽。

在我还是新人时，公司里就有许多出色的前辈，我总是憧憬能跟他们一样优秀。而这些前辈无一例外都是十分优秀的聆听者。观察过其中一位深受顾客信赖的前辈如何工作后，我发现他所接待的顾客都会心情愉悦地与他聊天，前辈也始终微笑着侧耳倾听。

我百思不得其解：同是工作人员，为什么顾客会那么开心地跟前辈交流呢？于是我找机会向前辈提出了我的困惑。前辈听后告诉我：“不论怎样，我绝不会否定每位顾客的任何一句话。”

即便是知识，强行灌输也会被拒

相信无论是谁，随着相关工作经验的积累，都想将自己所掌握的东西传授给其他人。

特别是自己努力学习过后掌握的东西，将它传授给他人的念头会更强烈。

BC也是如此。随着对护肤、化妆相关知识的不断深入了解，出于对顾客的好意便想将这些都教授给对方。越是想让对方变得更美丽、心情更好，就越是想将自己所学的东西悉数传达。

但即便是知识，说话人若是抱着“必须得按照这种方法来”的念头强行灌输，效果反而不好。举个例子，为了让顾客保养皮肤，BC很希望顾客可以使用乳液和面霜，但有些顾客并不喜欢；即使口红笔是打造精致唇妆的最佳单品，也有顾客不愿选择。

因此在面对这样的顾客时，如果不问缘由上来就用“您这样是不行的”“必须得用这些才有效果”等话语否定顾客，肯定会招来反感。就算一般顾客不会表露出生气的情绪，也会感觉自己的想法被否认了，更别提对BC敞开心扉了。

○ 要了解顾客，就要接纳对方的所有

当顾客表示“我不想用口红笔”时，要用“是吗？您是不是还不太擅长用口红笔呢？”来承接顾客而非反驳对方。接着，继续听听对方会说些什么。一般此时顾客就会表露出“对啊，我不太会用，所以才觉得麻烦”“但是用了口红笔之后，确实才算得上是一副完整的妆容”等内心的真正想法。如此一来，BC便能掌握对方为什么不用口红笔、喜欢怎样的化妆风格等信息。

如果以此为启发，那么BC给出的每条建议就能契合每位顾客的不同需求。具体来说就是："依您的唇形，不用口红笔，口红也能涂得很漂亮""如果用这种手法涂，用了口红笔也不会显得颜色太艳"。

前辈也是通过这些方法最终成功卖出商品，同时也赢得了顾客的信赖。因为顾客认为前辈所推荐的都是自己真正需要的东西。

"不否定每一位顾客，接受并倾听他们说的每句话"。这就是了解顾客、获得顾客肯定的捷径。

第六节

巧用五感，真诚待客

商场负层的美食区——“地下卖场”似乎在来日本旅游的外国游客当中很受欢迎。

确实，这里云集了日本的各色美食，光是走走看看就十分享受。此外，许多人明明打算只买原本计划好的东西，但却总被陈列橱中的其他食物所吸引，挑来挑去就容易买多。

这种情况也很正常。因为地下卖场就是有种让你在不知不觉中购物的魔力。

地下卖场有它独有的特点，那就是将各色美食汇集在一起。精美的摆盘展示、充斥着整个楼层的食物香味、从厨房传来的烹饪声等都是吸引顾客前来消费的因素。此外，顾客还可以通过试吃活动亲自确认食物的口感和味道。卖场通过这一系列的设置，充分刺激了消费者的视觉、听觉、嗅觉、味觉、触觉。如果顾客通过这五感认可了食物的美味，花钱购买的可能性会很大。

买西服也和逛地下卖场一样。比起单纯地看，实实在在地感受面料质感，上身试穿感受衣服的舒适度后顾客会更容易购买；在挑选厨房用具时，即使有人分享了使用感受，自己亲身体验过后消费欲望会更加强烈。因此，不少汽车销售服务4S店也在广告中呼吁顾客来店里试驾。

人们怎样才会选择购买商品呢？

首先大家会考虑自己是否真的需要该商品。

而这时五感带来的反应便是释放购物欲望的催化剂。同时，受到影响的感官数量越多，购物欲望也就越强烈。

化妆品同理。

除语言解释说明之外还需让顾客亲身体验。在体验了化妆品上脸后的触感、效果、妆面的整体质感以及产品的不同香味后，这些体验都能刺激五感，那么使用过的这些商品的优点也会很容易被顾客所接受，他们的购买欲望自然会变得强烈。

从事BC工作多年，我发现比起一些只会接过样品的顾客，想进店亲自试一试的顾客再度光临的概率会更大。

有很多人在收到样品后便放置一旁不会使用，但一些通过眼睛细看、鼻子嗅闻、皮肤亲试等方法被挑选出来的商品会在顾客心中留下印象，他们回家后很快会再试用，而此时如果能再一次感受到产品的效果不错，顾客很快就会再次来门店。

在香味的设计和接待客人等方面多花心思

资生堂始终贯彻“真诚待客”的工作信条，同时也持续不断地在待客方面进行多样化的研究。

研究结果证明，刺激顾客的五感对留住顾客是十分有效的。

我们在多种场景下进行了接待顾客的试验，并统计了顾客的脑血流量。结果显示：要求试用化妆品或主动嗅闻产品味道的顾客，脑血流量明显增加。说明这些顾客的大脑通过五感，受到了相应的刺激。

其中，香味的刺激作用最明显。人们通过视觉、听觉感知到的信息都会通过大脑传送至与智力、理性相关的大脑新皮质处，只有通过嗅觉收集到的信息会被传送至控制我们喜怒哀乐等情绪的大脑边缘系统。因此，人们的情绪会随着香味的变化而变化。

如果用好闻的味道来刺激嗅觉，顾客不仅心情会变好，整个人也会更放松。举例来说，尽管有些产品本身并没有香味，但我们可以在迎客区增添一些香味。若能营造出这样一种令人舒心的氛围，顾客的停留时间会增加，回头率也会提高。

同时实验结果表明：在试用时，工作人员辅助试用的营销效果好于顾客自己试用。

我们知道，BC是少数在初次见面就能触碰到顾客皮肤的职业之一。BC协助顾客在手背上试用化妆水或美容液，这一过程不仅拉近了彼此的物理距离，同时也让双方的心理距离更加贴近。有了手部的接触和语言的交流，顾客自然会敞开心扉。

我也是亲身经历过，才切实感受到原来“肌肤接触”真的可以打开对方的心门。

那是发生在2011年3月东日本大地震期间的事情。

地震发生后，资生堂第一时间就向灾区送去了免洗洗发水和药用洗手液等救灾物资。考虑灾民安置区中有女性群体，资生堂又准备了化妆水、眉笔等化妆品，同时派遣员工前往安置现场进行化妆、按摩等美容支援活动。

灾后不久，我也前往灾区临时安置点为灾民们进行了手部按摩。刚开始时大家表情都很僵硬，但随着手部按摩的不断进行，他们开始渐渐放松，笑容也多了起来。慢慢地有人开始主动谈起自己遭遇地震的经历。看着大家愿意敞开心扉，我十分感动。

在这短暂的时间里我再次感受到，通过手部接触传达给对方的温暖中，蕴含着一些仅凭语言无法表达的东西。

或许不是每个职业都能在初次见面时就与客户产生肌肤接触，但在接待客户时，不仅仅依靠视觉而是能进一步利用其他感观，那么对方的回馈就一定会有所改变。

第七节

“惹人怜”与“惹人嫌”仅一步之遥

我认为，注重仪表不仅仅局限于接待顾客的时候，在商务场合以外的日常交往中这也是最基本的礼貌。如果要获得对方的好感，“干净利落”是必须的。

而判断一个人是否干净利落则是基于对对方的整体印象。因此，如果着装稍有不得体也可能会被认为是个邋遢的人。

资生堂曾做过这样一项试验：BC在接待顾客时，顾客的关注点会如何变化。试验结果表明：如果BC仪表不得体，顾客的注意力就很容易分散。

因为仪表不得体，很容易影响沟通的进行。

要更加注意仪容仪表

在仪容仪表方面，希望大家保持手部美观、注重鞋子干净、适时打理头发。因为人们在面对面交流时总会不自觉地注意到对方的一些身体部位。所以不论妆容多精致、衣服多漂亮，如果无法做到以上三点，那么印象分便会骤降。

也有不少顾客在问卷调查中提出了“BC斑驳的指甲油会给人不干净的感觉”“工作人员手上有肉刺，不想被这样的人触碰”等意见。所以对于从事服务业的人来说，女性一定要养成仔细涂抹指甲油、勤涂护手霜以防止手部干燥的习惯；男性也要勤剪指甲、随时保持手部清洁。

此外，不干净的鞋子也会给对方一种散漫随便的印象。

因此，平时要勤洗鞋，穿鞋前也要仔细检查鞋跟和鞋底是否过度磨损。要知道，在日常生活中“看鞋”的人相当多。

如果头发毛躁或是挡住脸部，也会让人觉得仪表不整洁。因此要打理好头发、露出脸部轮廓，给人留下清爽明朗的印象。

我在进行培训时要求每位BC露出耳朵，不能让头发挡住脸部；向顾客致礼时也要保持发型不乱；若发尾及肩，需将头发整理至肩后。

○ 同样的外在条件给人的感觉未必相同

即便是同样的制服和发型，有人干净利落，有人却未必如此。这是因为不管如何修饰外在，若没有与之相配的内在，也不能算是真正意义上的干净利落。

真正由内而外干净利落的人，他们的品行和觉悟与旁人不同。

人们在生活中没有空闲时间进行自我反思，自然无法顾及内心健康和仪表整洁。所以我的建议是：每天无论多忙，都要抽出十分钟好好护理自己的身体，留出自我整理的时间。

尤其是在服务业当中要时刻铭记：自己的一举一动随时会被顾客看在眼里。这一点相当重要。因为在卖场中我们不知道顾客会在何时何地注意到自己。若始终能保持这份紧张感，自然会时刻注意仪态，就会磨炼出干净利落的气场。

最重要的是意识到这一切都是为了顾客。

如果整理头发、剪短指甲只为完成任务而非发自内心，那么所谓的“履行任务”就不会长久，也必定会在某些地方出现失误。

我们本就该先抱着“希望顾客愉快购物”“不让顾客感到不快”的想法与顾客相处。然后再考虑如何将自己的仪态调整至最佳，这才是真正的“干净利落”。

专栏：细节彰显利落

正如我在第一章结尾时所说，能否给人以干净利落的感觉其实就在细微的差别上。而要随时随地都保持这种状态，关键就在于：不以事小而不为。

比如说头发。头发是影响一个人印象好坏的关键。好比同一幅画，画框不同，给观众的感受也会不一样。每个人应该都有因忙碌无暇打理自己、早上时间紧张就急忙出门的时候。但是很遗憾，往往就是这一时的松懈给你贴上了“邋遢”的标签。干枯无光泽的发质、凌乱的发型，都会给人不修边幅的印象。

接下来的一点，有白头发的人需要特别注意。如果需要出席重要场合，染发后头顶或太阳穴附近的白发再次长出，那么不管怎样修饰外在，你都与“干净利落”无缘。不仅如此，还会让人觉得沧桑感十足。我大约两周染一次头发，虽然已经相当注意，但有时白发还是会悄然“冒尖”。所以一般都会用睫毛膏先做紧急处理。

就男士来说，因为随身的小物件不得体而没能获得好印象的人也不在少数。除了领带上的折痕和污渍、鞋子上的污垢等让人无法接受的失误，还有手提包、皮带、腕表带、钱包等皮革制品因使用过度而掉色等，都会给他人留下不干净利落的印象。

尽管以上提到的注意事项都能轻易地以“也不过如此”的理由被放置一边，但是，人们总是在意细节的。

人们会因为以上细节过于微不足道而不甚在意，但必须承认，注意细节的人总是能很快地获得他人的好感。所以，希望大家都能有意识地找出那些容易被自己忽略的小细节并加以注意。

第二章

幸福、成功两手抓，剖析他们的思考习惯

有意识并坚持用积极的
眼光看待事物、用正面
的想法进行思考。

第一节

享受平淡生活的不二法则

请大家回想一下：今天一天都发生了些什么事，这当中，是好事多还是坏事多？

实际上，在我们每天所遇到的事情当中，有80%都无法具体归类为好事或是坏事。如何界定全都因人而异。

其中典型的例子便是人们所熟知的“杯中只剩半杯水”。悲观主义者认为“只剩下一半水了”，而乐观主义者则觉得“幸好还有半杯水”，二者态度完全不同。

谈到年龄时也是如此。“我已经走过很长的路了”和“我还有很长的路要走”，不同的措辞给人的感觉也完全不同。如果每天都告诉自己：“今天的我就是最年轻的我”，那么你一定会对未来充满希望。因此，乐观的人总能大步向前。

关于这个话题肯定会有人表示："乐观也好，悲观也罢，都是性格使然，并不会轻易改变。"但这种说法并不正确。只要意识到正、负面情绪带给我们的不同影响，每个人都能学会正面思考问题。

倍感煎熬时如何克服负面情绪？

以前我也常被负面情绪支配，总是闷闷不乐。

不，应该是每一天都意志消沉。尤其是工作中的人际关系问题让我焦头烂额。

个人生活方面，每次和住在一起的婆婆发生争执而闹得不愉快时，我就开始抱怨自己所处的环境："为什么我就不能维系一段正常的婆媳关系呢？""为什么婆婆不能再体谅我一点呢？"

雪上加霜的是，当时我刚刚被调去分公司Dicila营业部工作，和先生之间的意见分歧也越来越大。由于那时整个山形县的相关工作都由我一人负责，所以不仅每天开车往返200~300千米成为家常便饭，冬天在大雪中开车也是常有的事。

由于每天早出晚归，留给我做家务的时间寥寥无几，就连给正在读初中的儿子做便当，我也几乎都是用速冻食品随便凑合。

在那种情况下我先生也变得不满："至于让一个女人负责这些吗？""就不能换个岗位？"

在那之前他都全力支持我的工作，在孩子的教育上也最大限度地帮助我。他是最理解我的人，那是他第一次如此抱怨。

尽管现在能理解他是看我工作辛苦还要来回奔波才那样说，但当时我的想法真的十分悲观："我真的努力在平衡事业和家庭了，为什么就是不能理解我？""为什么只有我在一味地让步？"

自那之后大约有一年时间，我们都没再好好说过话。

正面也好负面也罢，最终决定者都是自己

将当时的我从谷底解救上来的，正是在我快四十岁时公司举办的一场名为"养成正向思维"的学习交流会。一直以来我从未思考过自己的想法到底属于正面还是负面，从那次交流会后我便开始有意识地让自己着眼于事物积极的一面。

于是再次回想起当时先生的那番话时，我的想法发生了很大改变：“他是担心我才那样说的啊。”

同时我对婆婆也有了新的改观：“或许是因为公公离开得早，婆婆一直都很孤单吧。”“如果不是婆婆养育了先生，我何以与他相遇，又怎么能有我们的孩子？

一旦用积极的眼光看待每件事，自己也会变得鲜亮起来。所以现在有很多人说我永远都乐呵呵的，仿佛没有烦恼一样。

那么我发生如此变化的契机到底是什么呢？

简单来说，就是改变思考习惯。

有意识并坚持用积极的眼光看待事物，进行正面思考，使之成为自己的习惯。

对现状是满腔愤懑还是心怀感恩，处理事情是乐在其中还是草草应付，面对生活是积极享受还是消极抱怨，这一切，都由你来决定。

那么究竟如何才能学会正面思考呢？下一节我将会详细介绍。

生活中有近八成事都无法界定其好坏，而人生就是在思考这些事的过程中悄然改变。

第二节

不易受挫的习惯养成法

孔子在《论语》中说道：“知之者不如好之者，好之者不如乐之者。”意思是说：懂得学习的人，不如爱好学习的人；爱好学习的人，又不如以学习为乐的人。也有人将其简略概括为“知、好、乐”三字。

总而言之，不论任何事，带着兴趣去做的人总会比没有兴趣的人更厉害，但是，乐在其中的人更胜一筹。

日本也有这样一句谚语：“兴趣是进步的秘诀。”如果人们对某一事物充满兴趣，往往都能长久地坚持下去，自然也会为之努力、拼搏。在此基础上，若还能在其中发现乐趣，那么对于新的问题和挑战，大多能做到积极应对。

但在实际工作中不可能事事都顺心。不管是谁，不管是何种工作，皆是如此。既然这样，为什么会有人享受其中，而有人却怨声载道呢？

根本原因是工作方法不同。

如果只是一味地被动接受，将工作当成一种“强制任务”，何谈享受其中？长此以往，难免会变得怨天尤人，遇到一点不顺心的事就都归咎于上司，凡事都以不适合这份工作为借口，很容易就会让自己陷入负面情绪中。

先定一个小目标

要想享受工作中的乐趣，就不能对自己所负责的工作敷衍了事，而应带着目标去完成。一旦有了目标，人们的思维方式和实际行动都会为之发生改变。

下面与大家分享的是1991年我被调往资生堂分公司时发生的一则小故事，那年我正好38岁。

当时，Dicila并未对外公布它属于资生堂集团，也没有任何一家店向顾客推荐这种名不见经传的新品牌。因此一开始，公司确实没能掌握客源。

就算还按照原来的老路子，挨个去门店请求对方上架我们的新产品，所收到的效果也完全无法和资生堂鼎盛时期的宣传效果相比。这让当时第一次接触营销业务的我深深感到：一直以来资生堂这块闪亮的招牌给了我们相当大的庇护。但是，如果在这种情况下出现“不出名的产品真是一点办法也没有”“宣传不到位就没法卖出去”等消极想法，后续工作就无法再推进了。

所以当时，我先给自己定下了一个目标：一年之后，将Dicila在每家门店的日均销售量提高到30万日元。从资生堂的规模来看，这个目标或许真的算不上什么，但对Dicila来说却是个挑战。一旦有了明确的方向，我们便一定会竭尽全力地完成它，自然会变得积极向上。

为了完成目标，我告诉自己要始终保持热忱，一定要增加顾客数量。为此，我每天比其他厂家的营销人员多跑许多家门店；早晚都雷打不动地打电话到各家门店进行业务跟进；向销售业绩理想的店铺发传真表示感谢……我想通过这些实实在在的小事，努力做好与各门店间的沟通工作。

一年后我超额完成了任务。更让我欣慰的是，许多门店的工作人员告诉我：“一想到关根女士的笑脸，我们也觉得特别开心。”这给了我很大的自信，工作劲头也愈发足了。

○ 小目标也要做具体

我所指的小目标并不是公司要求的定额目标，而是适合自己的切实目标，因为只有这样才会推动工作顺利完成。如果能实现，工作时也会更加乐在其中。

对于现在还没有找到适合自己的目标的人来说，最开始制定目标时要尽可能地具体化，几个月到一年内能实现的最好。因为如果目标过于远大，其达成的过程便很难预判，途中受挫的可能性也相对较高。

比如，“为了每天能得到顾客三次夸奖而努力接待好顾客”“三个月后一定要完成某件事”“早晨必须如何如何”等简单的小目标就很好。

第三节

保有一颗纯粹的“向往”之心

学生时代我的梦想是当一名教师。但由于家庭因素，我不得不放弃读大学，高中毕业后就进入了资生堂工作。而之所以选择资生堂，除了老师的建议、前辈的推荐以及梦想成为资生堂美容顾问之外，还因为自己单纯的好奇心：我也想体验穿上资生堂制服的感觉。

那么，真正实现后感觉如何呢？答案是：远不如自己想象的那般光彩照人。但同样是穿制服，许多前辈就是那样地耀眼。于是，当时的我便毫不掩饰地开始憧憬，有朝一日自己也能成为和前辈们一样优秀的人。接着，我便开始仔细观察大家。

在试着去找寻前辈们如此出色的原因时，我才发现她们不仅在化妆方面如同技艺高超的造型师和化妆师一般十分专业，聆听顾客讲话时的颔首方式、拿取商品时的动作等言行举止都相当得体。

先试着模仿你的“偶像”

我在山形县的商场做BC时，觉得大家都特别厉害，尤其是一位在顾客当中人气很高的前辈。我很好奇为什么她可以得到那么多顾客的信任，于是在平时就有意识地观察她。

原来，她会在客人进店时帮忙预存不便携带的行李、下雨天为客人擦去雨伞上残留的水渍，虽然这些是与推销化妆品并不相关的服务，但她都会尽心做到最好。

能这样面面俱到，并非只是想着卖出化妆品，而是时刻考虑怎样让顾客度过一段轻松愉悦的时光。前辈认真负责的工作态度和专业、贴心的服务让我深受触动。

如果观察分析你的“偶像”，便能更加具体地看到对方的优点。为了变得同样优秀，你可以模仿对方做得好的地方，使之成为自己的习惯。

可能有一些人觉得模仿别人难为情，会产生抵触感。但要想掌握新技术、新知识，榜样必不可少。“学习”本就始于“模仿”。

第一步，先大大方方地找到一个你所崇拜的“偶像”。环顾身边，一定会有人让你觉得“那个人真了不起”“说不上为什么就是觉得他特别有魅力”。

找到三位“偶像”

模仿的前提就在于找到身边让你敬佩的“偶像”，注意不是一位，而是三位。然后开始观察他们，并试着说出他们的魅力所在。

你必须要做的，就是认真思考这三人身上是否存在共同点，然后积极地学习他们身上的优点。

或许会有人表示“无法立刻找到这样优秀的人”“身边没有这种人”，或者因为嫉妒对方，认为“他成功不过是运气好”“她就是因为长得漂亮才能如此”等。但实际上嫉妒是羡慕的另一种表现。因为人们对于拥有自己想得到的东西的人，都会有一种嫉妒心理。

话虽如此，但请你还是先将嫉妒心搁置，正视对方身上“你想要拥有的东西”。这样，你才能具体地看到对方的长处。

真正得到成长的人，都拥有一双善于发现的眼睛和一颗通透的心。

嫉妒是羡慕的另一种表现。所以，无须畏惧，直面自我。

第四节

分析为何会感到“厌烦”

这里要跟大家重复一遍：能否积极思考问题取决于自己的态度。然而，就算养成了积极思考的习惯，消极想法和悲观情绪也不可能完全消失。

因为，人类是感性生物。大家在面对工作或是与人相处时，或多或少都会觉得对方很招人烦或是感到与自己合不来。我也不例外。

如果这时任由这样的负面情绪继续发展，只会让自己更不舒服，甚至陷入情绪低谷。因此，我们应当学会控制自己的负面情绪。

○ 剖析负面情绪——“扼杀苗头”“彻底消除”

从我自身来说，如果某事或某人让我有了负面情绪，首先我会反复确认并不断自省：究竟为何会产生这种情绪。

要将负面情绪“扼杀在摇篮里”。

或许我们会因为一些人、一些事而觉得“对方真是讨厌”“工作实在是无趣”，这时需要大家问问自己：产生这些情绪真的是因为那些人和事吗？在一番冷静的分析后，往往会发现许多其他的原因，比如“自己情绪不好，身体太累”“其实并不是特别了解对方”“从一开始就先入为主地认定这份工作无聊”等。

如果能发现原因，那么找到解决方法，消除负面情绪便不再是件难事。

有些时候，我们也会觉得目前的工作并不适合自己，感觉不到工作价值。同样，在这个时候不要急着下结论，一心想着跳槽或离职，而要给自己一个缓冲期，慢下来，好好思考一番。

其实并不是说跳槽就一定不好，只是在我看来，如果仅因为一时的冲动就做出决断，未免过于仓促。

如果现在的你还未体会到工作所蕴含的魅力，请试着转变一下对待工作的态度，告诉自己“我只是暂时还没发现其中的乐趣而已”。如果能带着“努力去找寻工作中属于自己的那份意义”“怎样才能更好地享受每天的工作”这样的想法投入工作，便能发现工作中那些被忽视的魅力。

第五节

时不时与过去的自己对话

我从初中开始写日记，现在山形县的老家里还保留着好几本我年轻时候写的日记，有空时我总会拿出来看一看。

那个时候的我写日记很随意，不管是当天发生的事还是某个瞬间的感想，总之想到什么就一股脑地写在日记里，完全不会考虑太多。但现在回过头再去看，觉得自己能坚持写下来真好。

之所以这样认为，是因为如果没有文字的记录，那么曾经20岁的我，30岁的我，抑或是初为人母的我的一些记忆一定会被淡忘，而现在，这过往的一切都历历在目。也正是这些记录在我屡屡受挫时告诉我，自己真的在好好努力。

翻看刚入职时的日记发现，当时的自己因为还不熟悉工作，所以忙得焦头烂额。

“手忙脚乱时有好几次把顾客登记册随手放在了专柜柜面上，结果被领导责备，并要求在顾客离开后马上清理，必须时刻保持柜面整洁。”

“因为不知道该做些什么好，于是就站在那里，被前辈批评不应该像根木头一样杵在那里。”

现在虽然可以面带微笑地回顾这些过往，但还是十分后悔当时的自己因为这点小事就愤愤不平。

结婚后，我也记录了许多家庭生活中的烦恼：“好难过啊，为什么婆婆总是说我。但是不能哭，我哭了肚子里的宝宝也会哭，忍住！忍住！”“婆婆又……为什么我这么悲惨。”

日记会成为鼓励未来的自己的一分力量

我也十分清楚，不论有多发愁，如果当时没能顺利克服这些障碍，也就不能成就今天的自己。

某位演员曾在一档综艺节目中这样说道：**“能为自己加油打气的，只有过去的自己。”**我认为就是这样。我在翻阅过去的日记时发现："即使面对难题，我也从未放弃，都努力克服了""尽管当时的自己有些沮丧，但也正是这些挫折让我不断成长"，正是过去这样努力的自己给了我自信和鼓励，让我可以少一些烦恼和忧愁。

所以请务必尝试记录每天的生活，以此来为将来的自己呐喊助威。

我觉得记录每天的生活并不一定要用日记本，在手账中简单地标记或在社交网站中简短地记录都可以，因为记录就是一种情感的宣泄，宣泄过后整个人都会舒服不少。

用记录整理心灵与记忆

不一定要用写日记的形式，"记录"这个动作本身就对厘清思绪、整理自我相当有用。

当我觉得某件事特别好，想要一直记得它时，便会立刻将它记录下来。这是我在35岁以后逐渐养成的习惯。

当时我负责整个山形县的营销工作，所以和我的直属上司，也就是公司的部长面对面交流的时间很少。而当时电子邮件还未在日本兴起，对方工作也相当繁忙，所以彼此几乎无法做到经常沟通联系。也就是在那时，我做了一个大胆的决定：将自己的工作记录下来，和部长用交换营业日志的方式来交流。

这本营业日志并不是单纯记录自己的营销工作，还会添加自己当下的感受和一些想法。而我在第一天的日志中就表达了对当天参加培训的感想。内容如下：

“通过将这次的内容整理成这本笔记，我重新收获了感动，得以继续积极地进行接下来的工作。但是营业日志若只为我一人所有，难免有些浪费，所以我想将其在同事当中传阅浏览……为了能让此次培训有一个好的效果，大家要将学到的东西充分运用到实践当中去，就算还不太适应这种方法，也要继续坚持，使之成为一种习惯。此外，将今天活动的内容讲解给他人，才算是真真正正地做到实际掌握。”

正如我在上文写到的一样，如果将眼睛看到、耳朵听到的内容用文字记录下来，可以更加深刻地理解其中的含义，感触也会更深。有了深刻印象，掌握起来自然会得心应手。

最近当我觉得“这件事可不能忘”或是“这次研讨会上要说说这几点”时，我也会将它们一一记在手机备忘录当中。

此外，我还会将书本中或是电视中出现的一些话和自己的感想记录下来。比如，“真心的反面便是假意”“磨炼自我，为实现‘个性’而努力才是真正的全球化”或是“所谓真诚待客，就是通过人和物的配合来保证顾客的幸福感。同时，喜对方之所喜，为让顾客有一段愉快的购物体验而充分发挥主观能动性，时刻铭记，一切做法都必须发自内心”等。

所以让我们从今天开始，养成多记录、多分析的好习惯吧。

刚开始时可以先定一个目标，从发现一天当中有哪五次你曾产生“好棒”的念头开始。于是你便会思考：“到底好在哪里呢？”渐渐地在这方面也会越来越敏锐。这样一来你会开始留意以前那些从未注意到的小事，逐渐成为一名“超强洞察者”。

第六节

爱自己，才能一往无前

假设，有人因身患重病而终日情绪消沉。

会不会有人疑惑他为何如此消极呢？答案是：没有。因为当人的身心饱受折磨时，无法做到积极应对是合乎情理的。

接下来请将目光投向自己，看看会是怎样的情况。当我们的心灵受挫时，我们会不断告诉自己要乐观积极，但往往一切都是徒劳。所以只有爱惜自己，才能继续向前。

我所说的爱惜自己，是指慰劳、肯定自己。尽管具体方法因人而异，但最重要的有以下两点：

○ 爱惜自己的方法——创造属于自己的时间

爱惜自己，健康管理必不可少。人们常说“良好的精神状况仰仗强健的体魄”。因为没有健康的身体，就无法保证心情舒畅和行动高效。

不论是谁，如果身体不舒服都会产生负面情绪，也会变得对周围的一切毫不关心。因为那时他已经忽视了身边的一切。

这一点我在养赏叶植物时体会尤为深刻。当我不舒服时总会忘记给它浇水，最终它只能枯萎死去。而之所以会这样，是因为照料生病的自己就已精疲力竭，再照顾植物就会觉得麻烦，甚至认为它逐渐枯萎自己也无能为力。

为了做好健康管理，饮食和运动等日常生活习惯的改善必不可少，而如何利用时间也值得大家注意。比如，应规划好工作时间。如果过度加班导致工作时间太长，那么疲劳也会逐步累加，最终会导致注意力无法集中，工作的效率和质量都会下滑。

在你说出“都是因为工作太忙，真的没办法”之前，请重新审视一下你的时间规划。我认为，规划自己当天回家后的时间，可以帮助自己专注于工作，在有限的时间里交出一份相对满意的答卷。所以请仔细聆听自己的身体和心灵深处的声音，结合自己的情况，找到工作时间与休息时间之间的平衡点。

此外，还应该在一周中抽出一天的时间来保证专注于兴趣和学习。

这不仅能让你心情舒畅，同时这个过程中所掌握的知识、技术、人脉都会成为你的资源，让你越来越自信。

除了工作，还可以专注于其他领域，这不仅有利于工作的开展，也会使其成为自己的一项长处。

爱惜自己的方法——大方地承认自己的优点

积极思考要从承认自己开始。因为看不到自己的优点、连自己都不喜欢的人根本不会发现身边人的好。

那么你觉得自己有哪些优点呢？只要能说出10个自己的优点就算及格，但就是这样简单的事情，很多人都做不到，大多只能说出自己的2～3个优点。

这对大家来说是一次不错的尝试，请大家试着好好想想，自己到底有哪些优点。如果实在想不出来，问问家人和朋友也可以。

专栏：健康与美容的三大“法宝”

经常有人询问我关于保健和美容的方法，但如何回答这些问题一直都困扰着我。因为实际上并不存在大家所期待的某种“秘诀”。

如果非要举例，那么“吃”就是首要的一点。尤其是大家每天都会吃的早餐。对于我们来说，早餐不仅可以充分调动大脑和身体机能，也是提高新陈代谢所必不可少的重要因素。但由于每天早晨时间紧张，下厨烹饪就很困难，所以我每天早餐都会吃一些香蕉，喝一点低脂牛奶。这类早餐不仅准备起来方便省时，而且饱腹感很强，大家可以试一试。此外，谈到饮食，合理控制热量也是十分重要的。现在大家都可以通过手机App来计算食物热量，进行简单的身材管理。

第二点就是“运动”。我从30岁开始就一直坚持游泳。虽然每周只游一次，但当身体动起来时压力也会得到很好的释放。不管是健康还是美容，适当的运动都是不可或缺的。

第三点就是“及时舒缓压力”。人生在世，谁都有压力。而应对压力，最重要的就是自己意识到问题，及时调整。不管是吃美食还是阅读，只要找到能让你全身心投入的事情就可以。众所周知，精神压力会对身体造成一定的影响，同时身体和皮肤的负担也会对人产生负面影响。我每天都会坚持做皮肤清洁。不管多晚回家，我都会仔细卸妆和清洁皮肤后再休息。

此外，每天早晚的脸部按摩及头皮按摩也很重要。进行脸部按摩时，使用按摩膏采取从下往上、从中间向两边的手法，轻轻按摩3分钟即可。而进行头皮按摩时，可以使用精油用指腹按摩前额、耳朵上方、脑后方的肌肉群，时间为1～2分钟。

通过举例，大家应该明白，有些时候只需要做好最简单的事即可。最终对维持健康和美丽有效的，就是合理饮食、适度运动以及舒缓压力这样简单的事。你需要做的，就是将这些简单的事坚持下去。

03 第三章

职场中与人相处的重要方法

人不会仅凭数据就真正
行动起来。

第一节

仅靠数字无法打造出一个团队

在第一章中，我主要介绍了在工作中真诚待客、真心付出的重要性。这并不只是针对顾客，对同事也同样适用。如果对外真诚待客，对内敷衍了事，实际上只能算“表面工夫”。

在第三章中，我将结合自己的失败经历，向大家讲述在资生堂工作时学习到的经验以及人与人之间的相处之道。所谓工作，归根结底都是跟人打交道。所以，对于许多职场人士来说，除了工作，人际关系的处理也是令人头疼的问题之一。

○ “不得人心”和申请辞职的得力助手

2003年是我被调去分公司Dicila工作的第12个年头，同年，我成了Dicila东日本集团营业部部长。因为这是资生堂历史上首次由女性担任此职位，所以为了不辜负大家的期望，我暗下决心，一定要做出点成绩来。

而如今回望，当时的一腔热血不过是原地打转而已。

当时的我一心想着干出成绩，于是对30多名员工的业绩要求很高，尤其是在营业额方面，我希望他们能用数字说话。

我常督促他们：“业绩之所以上不去，就是因为你们都没有努力。”

为了激起大家的斗志，我将会议座位按业绩好坏排列，有时也会在大家面前批评工作失误的员工，质问他们为何无法完成目标。但最终，这样的管理方法却让我与员工间的距离越来越远。

大家都情绪低落，整个工作氛围也变得十分压抑。员工不但不愿意与我交流，不积极反馈工作情况，就连一些必要的信息都不再上报给我。甚至我非常信任、把员工培训活动都交给他负责的一位员工都向我递交了辞呈。

相比数据，先关注人

当时我情绪低落，走投无路，便从仙台打电话给在山形县的丈夫，讲清了事情的来龙去脉，跟他一起商量解决办法。当时他对我说：

“近子啊，你不是一个动辄就指责他人、随意将人划为三六九等的人。以前的你总是满心欢喜地谈起顾客是怎样地欣赏你、称赞你，难道这些你都忘了吗？”

那一瞬间我茅塞顿开。我从开始做BC时就一直将“不光要售出商品，更要真诚待客”记在心里。但自从成为营业部部长后，我只在意销售额，却忽视了这最为重要的一点。

如果在工作当中只注重数据而忽视他人，就无法取得令人满意的成果。在这一点上不管对方是顾客还是员工都是同样的道理。因为如果只通过销售成绩评价员工而忽略人际关系的好坏和工作态度是否端正，那么激发员工的干劲也就无从谈起。

当我意识到这一点后，便开始创造和下属们一同工作的机会，也会提醒自己要及时表扬大家做得好的地方。

○ 仅凭数据无法真正行动起来

同时，我也摒弃了一味追求销量的做法。

当然，数据是很重要。但如果一味地追求数据，只在意“每月提高××万日元的销售额”“目前目标销售量只完成了百分之××”，人会渐渐忘记参加工作的初衷，变得越来越空虚。但这些浅显的道理往往很容易被忽视。

要想提高工作干劲，明确自己想通过这份工作得到些什么是十分重要的。

于是我重新明确了“一切为了顾客”的初心，重新确立了以下目标：尽可能地让更多的人了解Dicila，哪怕增加一位顾客也好；接着增加北海道和东北地区用过Dicila产品后皮肤状态有所改善的用户数量。随后我将这个想法传达给了同事们，和大家一起思考，聆听大家的意见，一起全力以赴完成目标。于是，我感受到大家对我有了不同于以往的态度。

很快大家就找到了自己为之奋斗的目标，发现了工作的方向，士气也随之变得高昂起来。于是在新目标的指引下，擅长POP（卖点广告）制作的人、熟练掌握营销话术的人等纷纷行动起来，团队中乐于奉献的风气也迅速形成。

人不会仅凭数据就真正行动起来。

这一点不仅针对下属，对于后辈或是同事也是如此。明确这一点后你就会明白如何能与对方愉快相处，如何激发出对方的潜能。

第二节

精英为何总能获得肯定

前文提到了我与人相处的失败经历，从那以后，在与人相处时，我都会时刻提醒自己“用积极的眼光去看待他人”。也就是说，多看对方好的一面。

比起优点，我们平时关注得更多的是对方的缺点。比起“稳重”的性格，“易怒”的特点更易引起他人注意，而相较于“按时完成工作”的人，那些“不守时间、有拖延症”的员工也更容易被别人讨论。

人们一旦注意到同事身上的缺点，自己就会变得焦躁，也会想去提醒对方。但是，这时候就算出于私人情感去指出对方的缺点，也并不一定就有一个好的结果。不管你是多么为对方着想，冷不丁地指出他人的缺点实在是有失考虑。如果对方是你的下属，便会觉得“自己遭到了否定”，继而变得没有自信。此外，对方也可能对你产生不满。而你最终也只会落得个人际关系较差、不适应职场环境的结果。

如果一心想让别人按照你的想法做事，为你而改变，对方一定会进行反抗。因为**“唯独过去和他人无法改变”。**

但是，未来和自己却是可以被改变的。所以，在改变他人之前，先让自己从“在意他人的缺点”转变为“善于发现他人的优点”。

请大家尝试养成这样一个习惯：用积极的眼光去看待他人。然后，找到对方身上哪怕是很小的优点也好，大大方方地表达出你的欣赏。这样一来，你分配下去的工作也能让对方很好地发挥长处。

如果无法做到这些，那么试着换个说法，即转换思维。这样，你会比想象中更容易发现对方的优点。

○ 用语言夸奖，便能赢得他人的好感，激发对方的干劲

用语言称赞你所发现的对方的优点，也是相当重要的。

因为不管是谁，受到夸奖都会很开心，继而更加努力。此外，他们对称赞自己的人印象会更好，也会产生信赖感。

但是，也有些人夸奖他人的方式不对。之所以这样，一定是因为他们说的都是对方实际上并没有的优点，或者没有任何根据就夸大其词。这便是“恭维”。

恭维和夸奖是不一样的。因为恭维往往另有所图，比如“想让对方喜欢自己”“希望对方能消费”等，所以不管怎样措辞，其说话的方式和面部表情都很不自然，对方便会发现这不过是在溜须拍马。如果对方不多想还好，但实际上对方会开始警惕，认为“这个人不可信”“看不透这个人的想法”。

称赞他人的技巧

在称赞别人时，直接用语言表达自己心中所想即可。在这时，不要使用“谢谢你的努力”之类的抽象表达，而是用“今天签合同的时候多亏了你的帮助，真的谢谢你”这样具体的说法。因为这样能让对方更加切实地感受到自己被夸奖了。

同时，使用“多亏有你”“好开心”等表达，将自己当下的心情传达给对方也十分重要。

此外，在需要指出对方的失误和过失时，也要注意先称赞再提醒。

这种情况下称赞和提醒的比例大致为3：1。就算是一些微不足道的小事，也要先进行表扬，然后再通过“以后多注意还能做得更好”“但是，以后也要多多留意某些地方”这样的表述来提醒对方。这样，对方会很虚心地接受你所说的话。

如果养成“发现他人的长处并加以称赞”的习惯，便能激发出对方的干劲。

所以，与人相处时提醒自己多用“积极的眼光”去看待他人吧。若能像这样先从改变自己开始，那么也能逐渐改变对方的看法和做法。

称赞：提醒=3：1

第三节

过半否定，便需自省

我从担任Dicila营业部部长和本部长的艰难经历中学到的另一点，就是反省自己的重要性。

一旦立场发生变化，你的言行举止也要做出相应的调整。处在管理层的位置，难免会有对下属措辞严厉、要求严格的时候。

但在这种情况下，也会有下属对你所要求的做法提出疑问。当然，一味地顾及员工情绪，工作可能无法顺利推进，而管理者也有义务将该说的话清楚地传达给下属。

所以，管理者必须养成经常反省自己的习惯，时不时地问问自己：你的想法和意见是否存在偏差？是否只图自己方便而未考虑周全？

固执己见不可取

要说当时我这个营业部本部长做得如何，就像我在本章开头写的那样：一个被许多下属无视的上司。大家看过后就知道，那时就算我主动找员工说话，也只能收到“好的”“了解”这样不咸不淡的回答，他们对我都唯恐避之不及。

30多名下属中，一半以上的人对我的工作方式表示不满。

如果超过一半的人都对你说“NO”，这就说明问题严重了。你就应当反省自己哪里出了问题。虽然之前我和下属之间存在矛盾，但反省了自己的做法并进行改善之后，我还是重新与大家打成一片，并提高了营业额。

自那以后，我便将“如果否决超过半数，便进行自我反省”定为一项行事指南。

工作时间越长，职场经验越丰富，大家便都会有自己的一套工作方法和信念，同时也会产生“我就这样做”的自负情绪。更别说是一些有过成功经验的人了。

一味地认为自己永远都是正确的，这种想法十分危险。因为时代和环境都在发生变化。

即使对方是你的下属，但如果出现10个人中有6个人或

5个人中有3个人，这种半数以上都不赞同你的情况时，你就需要姿态谦逊，反省自己的说话方式和做事方法是否存在问题。

O 传达方式和内容同样重要

不论内容多么完美，如果传达方式错了，就无法获得对方的认同。不管是何种工作安排，如果不分青红皂白地用“公司方针如此，所以请你务必做到”“这是你的工作，所以一切都是理所应当”的方式，任谁都会生气。

与人相处最重要的一点，就是站在对方的角度思考问题。这一点不论对方是下属还是亲朋好友都同样适用。在说话前好好地思考一下采用何种传达方式是十分重要的，比如，怎样能够获得对方的理解，怎样抓准说话的时机，讲话声调是否合适，讲话时的顺序和内容构成是否合理。

如果你已经察觉到对方无法理解你想表达的东西，那么请回想一下自己的说话方式是否存在不妥。不要去挑对方的错，而是进行自省。我认为这是随着职位的不断升高而必备的“技能”之一。

第四节

商讨——应对严厉上司鼓起勇气，为下属营造良好氛围

日本职场中一直流传着这样一组词“ホウレンソウ”，即“报告·联络·商讨”。

一项工作仅凭一人之力是无法完成的，需要上司、下属和相关部门间的协调配合，所以团队内部必须要共享信息、相互理解。而在这一过程中，“报告·联络·商讨”的工作准则便十分重要。可以说，这是推进工作顺利进行的职场守则，是工作的基础。

但在实际工作中大家是否能将准则践行到位，便不得而知了。比起“报告”和“联络”，不擅长“商讨”的人更多。

无法与职场当中的人进行商讨的原因因人而异。比如，“不想被当作无能之辈”“上司很忙，总是错失商讨的机会”“不想给别人添麻烦”等。尽管每个人的原因不尽相同，但共同点都是在职场当中人际关系薄弱，没有与上司、同事建立起相互信任的关系。如果能够信赖对方，即便有些许顾虑和踌躇，最后还是能够下定决心与之商量的。

前人常有“酒桌谈心”之说。这一说法指出，下班后与同事小酌，从而加深交流是常事，员工旅行和运动会等活动也可以经常举办。我认为通过这种工作之外的交流机会，可以让职场当中人与人之间的距离变得更近，所以我在工作中遇到烦心事时会大大方方地与上司和前辈进行协商。

然而如今在工作之外，同事之间相互交流、谈心的机会少之又少，与上司、同事存在距离，而装腔作势的人也不在少数。这样一来，面对让自己紧张的人，想要商量也就十分困难了。

所以当出现问题时，如果没有和任何人商量就自己想办法做主，不仅有可能出现失误，还有可能要耗费更多的时间去改正。所以在职场中，**培养能随时与他人商量的人际关系、成为他人信赖的对象是必要的。**

当人际关系仍旧不理想

要建立良好的人际关系，最重要的是多与同事交流，这个办法最简单也最有效。如果可以，尽可能多制造与同事一起吃饭的机会，比如午餐、聚会等，这时可以聊一些关于家庭、兴趣爱好的话题，从而拉近彼此间的距离。

我也经常邀请同事一起吃饭，有时还会在家中举办小型聚会。大家一起准备食材，饭后一起玩游戏，可以发现大家在职场外的另一面。见过对方最真实的一面，亲近感也会多出几分，如此一来，彼此之间就会少些拘谨，交流起来也会更加顺利。

所以觉得自己“不善商谈”的人，试着和同事邀请上司、前辈一起吃午饭或参加聚会吧。我认为，可以用“可以邀请您跟我一起吃午饭吗？”“我们准备一会儿去聚一聚，如果方便的话可以邀请您一起去吗？”等方式直接邀请对方。**没有上司会因为下属的盛情邀请而恼火，我反而觉得，越是难以相处的上司就越要主动邀请。**因为越是难相处的人，平常越容易让我们疏忽“报告·联络·商讨”的守则。尽管主动踏出这一步需要很大的勇气，但这些都会对日后的人际交往起到积极作用。

与之相反，若是上司邀请下属，身为上司就要注意“要一碗水端平地邀请所有人”“不能勉强大家”。我认为最开始时最好选择邀请大家一起吃午饭，时间合适的话，下属也不会产生抵触情绪。

对方越是不易相处，越是要鼓起勇气主动邀请

不管是主动与人商讨还是有人找你商量，都要用心

实际上，不管是主动与他人商讨，还是有人找你商量，体谅对方都是最重要的。如果有下属表示有事想与我商量，不管我在忙什么都会尽可能停下来，听听他们的想法。因为忙就推脱或是边做其他工作边听对方讲话，这样是绝对不可取的。因为，就算你本无恶意，也会打击下属的积极性，错失了与大家商量交谈的机会。为了不让对方觉得拘谨，在听对方说话时要看着对方的眼睛。我认为这一点不仅仅适用于上司与下属间的交谈。大家回想一下，自己面对前辈、同事、后辈时，是不是也时常表现出自己很忙呢？

在与他人商讨时，为了不浪费对方的时间，提前整理好需要商量的内容才更妥当。比如整理好你所困惑的地方、自己是何想法等要点，不仅有助于其他人理解，自己也能收获更为实际的建议。

第五节

乐于分享的人永远不缺伙伴

一直以来，我都尽可能地将自己的成功经验与大家一同分享。这一点，我已经坚持很久了。

在职场当中，也不乏将自己的成功经验藏着掖着的人。想必是怕如果被别人知道了，对方所取得的成绩和评价就会高过自己，自己反而被比了下去。或者，只把经验分享给一两个人。实际上，独享成功的经验并不能获得更多其他好处。

因为信息共享，才能得到更新的信息。

以我的经验来看，乐于分享的人总是不缺伙伴。围在你身边的人越多，你从别人身上获取的新信息也就越多。尽管有时也会有人质疑你所掌握的信息并不准确，但是随着你所了解的信息不断增多，那些原本掌握的信息不论是准确度还是价值都会提高。

因为我只是单纯地想将我所掌握的、有价值的信息传达给大家，所以才会积极地分享自己的经验，我也因此得到了不少来自大家的反馈。

信息分享也会带来新的讯息

我在做BC和负责营销工作时，经常会在例行会议中与大家分享成功和失败的经验。比如提醒大家“采用这种策略可以提高营业额”“这样做可能会失败，所以要多加注意”等。这样一来，我便也能从大家那里得到新的反馈，比如“我有试着用这段时间学到的方法进行安排，但依然没有成功”“我是用这种方法得到顾客肯定的”等。

我在Dicila负责营销工作时，电子邮件这一工具还未在日本兴起，因此我和日本东北地区的同事们都是通过传真来交流。因为我擅长构思促销企划案，所以将设计好的企划案用传真发给大家后，我也会收到POP能手发来的POP设计构思，以及手巧的同事关于重新利用化妆品空瓶子的想法。当时我独自负责山形县的营销工作，所以这种和同事间的信息互换让我觉得更加安心，同时通过弥补自己的不足，我也学到了许多仅凭自己一人无法学习到的知识。

○ 想要活用收集到的信息，“坦率之心”不可或缺

就算你手中掌握的信息很多，不能很好地利用起来也只是“暴殄天物”。

有一些人就算好不容易得到了他人的成功经验，也只会为自己找借口，比如“我和那个人不一样，所以不能借鉴他的经验”“我们生活的时代不同”“当下所处的环境不同”等。

然而，这种做法是错误的。就算是推销同一家店的同一件商品，销售业绩也会因人而异，在几乎同样的条件下却产生了不同的结果，一定是有原因的。

在成功人士的话语中，一般不会提及自己取得成功的原因。但如果我们真的只是单纯地听听而不采取任何行动，未

免有些浪费机会。所以首先，可以尝试直接去模仿他们。

话虽如此，但一味模仿也不能真正有效地快速提升自己，还需要结合自身的能力和环境加以调整。这样在经过一系列的改良之后，或许在未来的某一天，这些就会真正变成你的优点。

越是优秀的人，越会坦率地聆听他人的意见，而越坦率，成长便会越迅速。

因此，我们要经常提高自己的敏感度，反思“自己的工作方式是不是得到了大家的认可”。

第六节

职位越高，责任越重

我目前的职位是执行常务董事，听起来似乎挺了不起的。

但我却认为，职位越高，责任越重。

在山形县工作时，东北地区销售公司的社长引用秋田县的一则民间故事，告诉了我这样一个道理。

有一天，嘴巴向鼻子抱怨道："你每天只需要呼吸，而我不光要说话，还要吃东西，凭什么你的位置比我还高？"

于是鼻子又去跟眼睛抱怨："你每天三分之一的时间都在休息，而我却成天都要工作，凭什么你的位置比我还高？"

接着这次轮到眼睛跟眉毛抱怨："你什么要紧的事都没干，凭什么位置还比我高？"

然后嘴巴、鼻子、眼睛、眉毛都开始扭曲，整张脸变得十分狰狞。

在这则故事中，社长想表达的就是：“工作不分高低贵贱，各司其职、各尽其用非常重要。”

高职位的人并不特殊

话虽如此，但人们常被身份地位左右是事实。当上主任、科长、部长都需要承担与之对应的责任，权力也会增大。在这种情况下，人们会很容易误以为自己是与众不同的。

“态度决定成败。”正如这句话所指，有些人会因为身居高位而不断成长，而有些人却因此傲慢自负。

一开始我也未摆正心态。在我当上营业部本部长时，因为职位颇高就变得自大，最后迷失了自我。虽然我并没有觉得自己有多么了不起，但还是会想让下属按照我的想法来行事。如果一个上司用命令、管制的方法来管理员工，那就无法激发和提升员工的干劲和能力。

其实站在下属的角度来看，有些人相当排斥被领导按头工作。如此一来，双方便无法顺利交流，重要的事情也无法顺利传达出去，会给工作带来一定的影响。更重要的是，彼此的信赖关系也很难建立起来。

○“在自己的职位上发光发热”最为重要

让我们摈弃“高职位=伟大、厉害、特殊”的想法吧。高职位也不过是职务中的一种而已。

就像每个员工都有自己应当做的工作和应该发挥的作用一样，社长有社长的作用，董事有董事的作用。

如果每个人都能将这一点牢记于心，自觉地发挥自己的作用，那么彼此就能构筑起良好的合作关系，并且工作和团队合作都能进行得很顺利。

我喜欢这样一句话：“径寸十枚，非是国宝，照千一隅，此则国宝。”[①]

这是天台宗的创始人最澄大师的名言。意思是：“所谓国宝，并非金银财宝，而是在所处的环境中努力拼搏、散发光亮的人。”

① 摘自延历寺发起的“一隅を照らす运动”（守一隅，照千里运动）海报主页。

这句话中，将“国”换成“公司”也同样成立。

公司的运作就像是一道由全体员工合理地解决的谜题的过程，缺了谁都解不开最终谜底。因此，不论身处何种环境、做着怎样的工作，每个人都能在自己的岗位上发光发热才是最重要的。

第七节

言行一致——靠谱领导者的标配

处境不同，对自己的要求也会有所不同。如果所处的职位有下属的话，身为领导者觉悟和自觉是必不可少的。

尤其要注意“言行一致”。如果在别人看来，你下达的指令自己都没能做到，或者言行不一致的话，谁都不会认为你值得信任。我在给下属安排一些需要负起责任的岗位时，“言行一致”就是用人标准之一。

此外，如果你做了错事或违反正义的事，没有人愿意与你一起工作也在情理之中。

我认为作为一名领导者，“时刻注意自己的言行是否正确，对自己所说所做之事负责”是必要的资质之一。

为了不在事后后悔自己说错话，我在下属面前讲话时会格外注意。

对自己的言行负责也是管理层的任务之一。

○ 杜绝以"都是领导安排的"为理由来逃避责任

中层管理者若是常说"都是领导安排的"容易失去下属的信任。

比如在突然改变相关制度或是制订了更为严苛的销售目标时，有些中层管理者会表示"自己并不是很同意这种做法，但毕竟是上司要求的，也没办法""这并不是我想做的，只是领导这样要求而已"，继而将责任推卸给上司。而这种做法表面上看来对上司的决策没有异议，但实际上他们的内心并不认可。

我也曾听到过这样的言论。能说出这种话的人也会被人诟病："如果只是将领导的指示原封不动地转达，那告不告诉我们也无关紧要""这种只看领导眼色办事的人不能相信"。

但是我也确实能理解，中层管理者夹在高层和员工之间压力相当大，他们也很不容易。

可是如果因为顶不住压力，就说出一些不负责任的话，最终只会让自己同时失去上司和下属的信任。

如果中层领导者并不是十分理解自己转达的指令，那么请直接与高层领导者交流，直至说服自己。你可以向他们提出疑问："为什么一定要这样做呢？""没有其他可以再更改的部分了吗？"从决策者的角度来说，如果下属并不认同自己的指令却还是违心地执行，这其实是很遗憾的一件事。因为他们无法从员工的身上判断自己的决策是否正确。所以希望大家一定不要害怕，大胆地说出自己的想法。

如果一味地逃避，最终只会同时失去上司和下属的信任。

○要有代表公司的觉悟

此外，作为管理层还需要具有"公司代表"的意识。

对于消费者来说，销售人员和公司负责人就是品牌和企业的代表。而对于化妆品公司而言，BC就是品牌的代表。

对于在公司中工作的人而言，最能代表公司的，就是管理层。也就是说，不论是对客户还是公司员工，管理层都象征着一家企业的品牌和理念。

资生堂提出的理念便是"一瞬之美、一生之美"。在这样一家与“美”紧密相连的公司中，管理层不仅要注重仪表，有一定的审美能力，同时要时刻关注顾客的审美动向。

在公司外自不必说，身处管理职位的人在公司内部也要时刻关注周围的情况，时刻谨记作为公司的代表，言行举止一定要妥当。

专栏：“化妆魔力”之我见

我在进入资生堂后就多次感受过化妆的魔力，因此我相信，化妆不仅能装点一个人的外在，它也拥有能改变人们内在的力量。

化妆，可以带给人们自信。

当我是素颜状态或者还未定妆时，我很不好意思出现在别人面前，讲话也不自信。然而当整个妆面都完成后，我便有一种去哪里都无所畏惧的感觉。就像经常有一些人会戴着墨镜，我认为化妆也能达到同样的效果。

同时我们还可以通过不同的化妆方式，来改变自己的气质。

如果将眼线和眉毛都加重，就会给人以干练、睿智的形象；如果画上弯弯的新月眉和粉色的腮红，便会给人一种甜蜜感，人也会看起来更年轻……很多女性应该都有过这样的感受。化妆不仅能改变气质，还可以改变一个人的心情。即便是在悲伤或难过的时候，如果能化一个明亮的妆，会给人耳目一新的感觉，自己的心情也会跟着明朗起来。

对女性来说，用化妆水和乳液仔细地进行皮肤护理的这一段时间，难道不能感受到幸福吗？对我来说，忙碌的一天结束后，使用有自己喜欢的香气和质地的护肤品，是特别满足和幸福的一件事，仿佛整个人“呼”地一下就放松下来，心情也会更好。

所以我想将化妆的这种魔力尽可能地带给顾客。

第四章

坚韧之心的养成

所有经历都有值得

学习的地方。

第一节

无惧变数

在被告知有工作调动时，有多少人会十分期待呢？原本是想要从事策划类的工作才选择现在的公司，却被分派到了营销岗；本来想在销售岗位有所作为，结果却被调到了管理部门……这样让人烦恼的事情不胜枚举。在我看来，恐怕大多数人遇到这样的情况时，都会觉得不安或心存抵触。

这似乎是每个人都会有的正常反应。至于原因，那就是我们的大脑都是将“生存”放在首要位置。

大脑不喜变化

一般来说，如果我们周围发生大的变化，其中便很有可能隐含着威胁生命的因素。大脑为了保护我们的生命安全，便会尽可能地规避这些变化。此外，在面对全新环境时产生的厌烦情绪，以及想要逃避的心态也都是大脑保护身体所致。

搬家、调任或是转行自不必说，但像一般的职位升迁等值得高兴的事，也会让人产生消极的情绪。我觉得与男性相比，似乎女性排斥变化的倾向更加明显。

但是，人这一生无法永远避开变数，同时，**如果总是选择逃避，就无法提升自己的格局。**

与其畏惧变数，不如在将这一心态理解成人之“特性”的前提下，告诉自己“这种不安有一半是本能使然，实际上不需要太过担心”，并勇敢地挑战新事物。

在新环境中发现自己的小确幸和适合的目标，并享受其中。

有时只有接受了变化才能获得喜悦和实现价值

资生堂集团在日本的员工大约有2.5万人，如果加上国外分公司的员工，则大约有4.7万人之多。所以公司每年都会有人事方面的调动。日本国内的人事调动自然是常事，但截至2014年，赴国外分公司工作的人也不在少数。

在得知要被调往Dicila工作时，我极不情愿，掉下了眼泪。因为当时的自己在工作中已经有了一些成绩，同时也对调去没有资生堂品牌光环“保护”的新公司充满不安。所以我向上司提出想继续留在原来的岗位上。

但是我的直属上司表示：“如果仅是因为个人因素就拒绝岗位调动，这样工作是进行不下去的。”最终，我还是听从了公司的安排。

就在为期两周的Dicila相关培训快要结束时，我的想法发生了天翻地覆的变化。因为我对Dicila的理念很认同——“要想销量好，首先要请顾客试用，顾客试用过后肯定产品，才会购买。在收到顾客表示产品使用效果不错的反馈之后，再投入诚意，引导顾客关注皮肤的问题。”我对此十分心动，甚至可以说是“一见倾心”，特别想尝试这样的销售策略。

那时我就学会了这样一件事：**即便是一开始流着眼泪拒绝的事，如果下定决心去尝试，也许会发现意想不到的惊喜价值。**

在那之后，从山形县到仙台、宇都宫、大阪和东京，我不断地在新的地方挑战新的业务，并自然而然地养成了享受变化的习惯。

○ 有些成长只有在新环境中才能获得

2009年，我突然被调往国际事业部，当时同事给我的压力很大。例如：“关根女士不会英语却要去国际事业部工作，那很辛苦的啊。”“听说所有会议全程都使用英语，关根女士真的可以吗？”

当时我已经55岁，不像20多岁的年轻人，什么都能很好地学习和吸收，所以心中忐忑不安。

但是比起不安，跃跃欲试的感觉更加强烈。因为我想亲眼看看资生堂在国外的发展，也想充分利用以往积攒的经验，把握住这个可能会塑造全新自我的机会。

尽管不是第一次面对岗位变动，但是面对不确定的未来，谁都会犹豫。实际上，在切身经历前仅凭想象就担心不已、踌躇不安，并没有多大作用。

接受变化，并在此基础上尽最大努力永远都是有意义的。这样一来，你一定会有所收获。

如今想来，也正是因为国际事业部，我才能学习到地道的英语，并得以从不同的角度了解资生堂，了解相关工作。

尤其是女性，一方面厌恶变数，另一方面她们又具有很好地适应任何环境的能力。虽然大家在面对调任、转职或是结婚、生育等变化时都会有所顾虑，但如果这时总想着往回看，未免有些不妥。所以请大家不要害怕，自己推自己一把，勇敢地向前走吧。如果可能，请享受这种变化。因为变化总和新的机遇有关，而这也可能成为提高你人格魅力的一条近道。

现在讨厌至极的事，今后也许会成为你的机遇。

第二节

关于失败的二三事

没有人会不犯错、不失误，我也不例外。在40多年的职场生涯中，我经历过许多次失败，但也正是这一次次的失败才成就了如今的我。

我还在做BC时就曾因为措辞不当而惹怒了店长。当时我负责的门店每隔十天都会发来销售报告，但那一次店长以工作繁忙、没空整理为由没有按时汇报。

这对于经营岗位来说是相当头疼的一件事，于是我没想太多就直接告诉对方：“为了让大家完成销售目标，掌握门店每天的销售状况是很重要的。”“请你按时做好每天的统计工作。”

于是对方当即就生气了：“我凭什么要被你这样指指点

点？”对方平时在工作之余是很好沟通的人，说话绝不会如此粗暴，所以乍一听他这样说我感到无比震惊。

事后我才知道，原来那段时间店长的父亲身体状况不是很好，他每天下班后都要赶去老家照顾老人，有些力不从心。我想他无法像平时那样从容地工作，可能是心烦意乱的缘故。

由于我没有了解原因就指责对方工作不到位，所以才惹怒了对方。当时公司要求我回家休息，似乎就是因为店长联系了我的上司，希望他换掉我。

不经历失败就不会切实思考问题

通过这件事，我获益匪浅。

由于我当时所说的话本身并没错，一切也都是为了门店考虑，所以上司对我表示理解并站在了我这一边。我很开心并且也有了底气，但是我还是反省自己，觉得自己有些地方考虑并不周全。

之所以觉得自己考虑不周，是因为我只注意到门店销售状况未被统计，就轻易出言责备对方。经过这件事，我也明白了一点：当一个人出现失误或是工作推进不顺利时，在指出对方的不足之前，先考虑是什么原因，同时在措辞方面也必须十分注意。如果那时的我能先考虑对方耽搁了工作是不是其个人生活方面有难言之隐，或许就可以及时安抚对方的情绪。

此外让我铭记在心的一点就是：不论对方相处起来是多么亲和友善，我们一定不能忘记对方“顾客”或“客户”的身份。

正是因为那次惹怒店长的失败经历，我才有了以上这些想法。

如果失败，就算再不情愿也要回过头分析：“自己哪里做错了？”“怎样做才对？”而后我们在取得胜利时，才会习惯回想成功的原因和未注意的问题。

在企业经营中，有句话叫“好业绩后藏着许多问题”。这是因为当一件事进行得很顺利时，人们便会忽略一些小问题。

失败反而会带来二次学习和发现错误的机会。我很感谢那个店长朝我生气，是他让我注意到了自己的很多不足。

不被失败左右的秘诀

在经历过失败后，做到自我反省却不被失败左右是十分重要的。要想做到这一点，秘诀就是不在晚上胡思乱想。

因为在晚上，大脑工作了一整天后处于疲惫状态，所以很难再进行正能量的思考。因此，在早晨大脑活跃时再进行反省为好。

此外，当你很难打起精神时可以对着镜子微笑。我也这样尝试过。尽管当时表情很僵硬，但是当嘴角上扬，露出牙齿试着微笑时，心情也渐渐变得好起来了。越是不开心才越要微笑！研究表情与情感之间关系的心理学理论“面部反馈假设”表明，开心的表情可以让人心情变好、充满活力。

另外，如果你身处领导岗位，面对有失误的员工，请不要忘记站在他们这一边。曾经有很多次意外情况都是多亏我的上司理解，问题才得以顺利解决。

面对员工的失误，不要不分青红皂白就先指责对方，而应给对方留有余地，让他们自己思考如何补救，下次再遇到类似问题时该怎么处理。此外，我还希望身处领导岗位的人告诉员工，自己很愿意为他们做些什么，比如为他们提供一定的支持和帮助。

第三节

敢当“配角”

我们常说：“人，总是希望自己成为悲剧中的英雄。”

尤其是一些情感丰富的人，他们在遇到烦心事时更容易产生悲伤、烦躁的情绪。

当事情发展得并不如自己预期的顺利时，我们总是受自己的感情和先入为主的观念影响，从而忽略周围的情况。其实只要将视野放宽一些，就能从眼下的困境中跳脱出来，可我们往往意识不到这一点。

我认为，当我们做事碰壁或是遇到棘手的问题时，可以集中思维，将眼光放在现在发生的事上。而有效的解决问题的方法就是“设身处地为他人着想”。

“如果主角是别人，你会是哪一种配角呢？”

前文提到，在山形县工作时我是与婆婆一起生活的。她是位十分要强的人，家人也常常因为婆婆的一些言行举止而困扰不已。刚开始时我也抱怨过：“为什么我非要帮婆婆的忙呢？”“如果婆婆能再体谅我一些就好了。”

但是当我知道了这样一句话时，我对婆婆的看法发生了很大的转变——“生活中每个人都是主角，也同样都是配角。那么，对于他人而言，你是怎样的配角呢？”

如果将自己视为主角，婆婆便是让我感到棘手的配角，而我又思考，在主角是婆婆的故事当中，自己充当的是何种配角呢？

“我每天都工作到很晚才回家，鲜少有机会和婆婆一起吃晚饭，家务也基本帮不上忙。这让因腿脚不方便而出不了门的婆婆愈发觉得孤单。婆婆一定会觉得我是个不合格的儿媳妇吧。”

当我用这种方式思考时，便能更加体谅对方，因为我发现以前不仅是我一个人觉得不舒服，其实婆婆也不开心。

○ 试着以烦人的上司、无能的下属为主角

同理，职场中也是如此。如果将“表现欠佳的下属”看成主角，可能也会发现自己其实是一个“没有发现员工优点的上司”。

将“提出无理难题的客户”和“因顾客而苦恼不已的自己”换个角度来思考，或许就会变成“精益求精的客户”和“作为配角，尽可能地想着工作氛围轻松的自己”。

如果可以俯瞰自己所处的状况、看清自己，便能够理解对方，自己也会因此轻松许多。此外，如果能发现自己的问题、不断反省，这也是你成长的开始。

越是在艰难时刻，就越要懂得退后一步来审视自己。而当你发现自己已经成为悲剧中的英雄时，这也许会成为你改变自己、改变处境的第一步。

第四节

坦然地面对困难

如果养成站在高处观察事物的习惯，那么即使是面对困难，你也可以从容应对。因为你能够客观地面对你所处的环境。

如果你负责难度较大的项目或是工作不顺利时，想法总是很消极，那么接下来的生活只会让你更加难受和焦虑。所以，可以试着换个角度来看待眼前的情况，例如：“这是一次对我的考验”“这次经历会让我变得更加坚韧”。

因为通过这种思维转换，我们可以从一味地抱怨自己所处的环境，转向积极地思考如何改变现状。

○ 逆境当中蕴含着成长契机

2004年我开始担任资生堂宇都宫分公司的社长，这也是我第一次任此职务。一年半后，我就被调到了大阪，担任资生堂大阪分公司的社长，当时大阪分公司在日本销售量排名第一。既然销售量第一，其公司规模之大自不必说，加上在大阪的生意众多，与客户相处的职场礼仪方面要求更是十分严苛。所以当时不少人都表示去那里工作相当辛苦。此外，大阪的客户听说即将上任的是一位女社长，便纷纷表示质疑："这是看不起大阪分公司吗？""BC出身的女社长，她真的能负起责任吗？"

在这样的压力之下，我最初也惴惴不安，不知道自己能不能做好。但当我重整心情，将这视为一次可以使自己成长的机会后，我开始思考："调任已是板上钉钉的事，我只要按照自己的方式，在新的工作环境中努力就行。"

这样思考一番过后，我的想法也发生了很大的转变："正是因为自己一直以来的工作能力得到了认可，公司才会将我调去大阪。接下来就在大阪好好大展拳脚吧。"这之后，尽管有时也会遇到难题，但我整个人放松了不少。即便是在工作待遇较为优渥的大阪，我也从未骄傲自大，而是按照自己的步调认真完成工作，这也让我自信满满。

实际上，大大小小的困难都会让人成长。

所以请大家回顾一下过往的自己。

回忆过往时你若能够觉得当时的自己好好努力过，这将便是你收获成长的瞬间。当然，偶尔也会有人像漫画《武勇传》中描述的那样，觉得曾经的日子十分难熬，但是对于武勇来说，这样的时刻也是他成长的时刻。

面对困境，不拼尽全力是无法成功摆脱的。必须让大脑时刻运转，不断采取行动。

当我们尽自己最大的努力去完成一件事时，大脑才能得以充分利用，许多潜能也会被激发出来。

人在安逸中是无法成长的。

当你遇到困难时告诉自己：“机会总掩藏在困难中。”尽管做到这样并非易事，但是还请大家转换思维方式，尝试尽自己最大的努力去做每一件事。

车到山前必有路。

如果现在的你觉得不安，就在当下的环境中按照自己的步调，尽自己最大的努力便是。

第五节

珍惜工作之外的学习机会

我在24岁那年结婚，第二年就生下了宝宝。在那个时候，许多女性都因为结婚生子而辞掉了工作。

虽然资生堂近几年对许多制度都进行了调整，但在当时，资生堂是没有产后育儿假期的。尤其是工作时间并不规律的BC，生完孩子后不久就继续上班的情况相当普遍。那个时候，和我在同一家分店工作的BC年龄最大的也不过30岁。

然而对于十分热爱BC工作的我来说，“生育后就辞职”并不在我的选项当中。也因为如此，为了不让公司觉得“有孩子的女性不适合工作”，我付出了很大努力。

当时我的运气很好，孩子可以交给与儿科有合作关系的托儿所照顾，所以工作时没有因为孩子生病而请过假。我每天早上都比其他BC提前五分钟到岗，晚上也会比大家晚五分钟再下班，同时我也从未拒绝有外宿需要的出差。此外，为了让新入职的后辈更好地投入工作，虽然已经有了小孩，我还是想努力成为先驱者，比许多单身职工给了新人更多指导。

当然，这期间家人给予我的理解和支持也十分重要。

在育儿和婚姻中培养出来的自我掌控力

尽管婚姻生活和育儿有让人焦头烂额的一面，但也有对工作有利的一面。现在想来，我依然从心里觉得当时能够坚持继续工作真好。

如果迎来新的家庭成员一起生活，一定会有预料之外的状况发生。家庭事务总是拜托丈夫也不是长久之计。再加上当时和婆婆住在一起，许多时候也不得不多一分忍耐。

育儿也是一样的道理。孩子们可不会考虑你的处境，他们想哭就哭，调皮捣蛋、发烧感冒……父母每次都被折腾得精疲力竭。

尽管家人饱含爱意，但不如愿的事也会时常发生。尽管有时会因此烦躁不已，难过得想要流泪，但一定要尊重对方，要和睦相处。

通过种种经历，我也习得了“自我掌控的能力”。

被委以压力相当大的工作，然后经历失败，为人际关系而苦恼不已，在工作中也遇到诸多难题。即便是这样，每次我还是会给自己加油打气，积极地面对眼前的人和事。

也正是因为在家庭生活中的感情冲突里得到了锻炼，我才有了面对任何状况都能够很好地自我控制的能力。

并非只有工作才能促使我们不断成长。

婚姻和育儿、处理与朋友间的关系、参加有趣的活动等所有的经历都可以成为经验，辅助推动工作顺利进行。

一边带孩子一边工作不仅会增加压力，有时还会情绪崩溃。但是任何经历都有它的意义。

所有经历都有值得学习的地方。

如果你现在觉得十分煎熬，请你一定记住以上这句话。

专栏：资生堂所提倡的“职场妆容”

近年来，政府提出推动“女性活跃”的发展战略，女性高层人数也在不断增加。在这样的背景下，我作为公司董事的一员，可以清楚地看到公司内外人员的言行举止。

当然自己的外表也一定不能忽视。因为公司要求员工的服装和言行举止都要符合时宜。同样，妆容也不例外。

接下来，我就为大家介绍一下资生堂集团面向董事及管理层的女性所推出的彰显年轻活力、显露人格魅力的“职场妆容”。

这款妆容的重点主要有两部分，第一部分就是妆面打底的方式。

皱纹、松弛和暗沉等一系列肌肤问题，都不可避免地会随着年龄的增长而暴露出来。要让这些肌肤问题不那么突出，重要的一步就是做好肌肤的打底工作。做好了这一步，不仅能让肌肤更易上妆，还有预防脱妆的效果，就算是工作中途无法补妆也不用担心。

在涂好基础粉底后，再用含有细腻珍珠粉的粉饼定妆。

这样做会使肌肤透亮、有光泽，由内而外焕发年轻活力。

第二部分就是妆容中线条的画法。随着年龄的增长，我们的眉毛、眼睛、嘴唇等部位，都会不可避免地出现下垂，因此处理这些部位时就需要清晰地描画出线条和轮廓，给人以干净利落的印象。画眉毛时使用眉笔和眉粉两种化妆工具，画出自然的粗线条，在眉尾处则要画出凌厉的感觉。

画眼线则要选用较为成熟的棕色眼线笔，关键是要在眼尾处画出向上的感觉。这里需要补充一点，如果用黑色的睫毛膏来强调线条，就能衬托出一个人的气场。

在唇妆方面，我推荐大家不单单使用口红，而是搭配唇线笔一起使用。这样不仅能让唇部更加立体，整个唇妆也会更加干净，更有格调。

以上就是我为大家介绍的职场妆容。其实只要大家在化妆时多注意一些细节方面的问题，给人的印象就会有很大的变化。最后希望大家都能打造出符合场合和时宜的精致妆容。

05 第五章

新时代的工作方式

光凭想象无法改变任何事情。

第一节

摒弃“不想输给男性”“不能输给女性”的旧思想

就像之前跟大家讲述的一样，到目前为止，我已经有了多次职位调动的经历。

而每到一个新的工作环境，也不乏有人将我与上一位任职者进行比较。尤其因为管理层中男性居多，所以大家很容易就会有这样的行为。像“以前的部长是那样的”“和上一任领导不太一样”的评价我也经常听到。

有时我也会因为太在意周围人的评价，而给自己过多的压力，总想着“要有比那些男人更拿得出手的成果”“不能输给上一位任职者”，但是这样反而没能让自己取得太好的成绩。

现在想来，当时的自己为了不让周围的人过多地在意我女性的身份，我每天都只穿长裤西服套装工作。

但是，不论我多么努力地想表现得像个男人，结果总是不尽如人意，还因此失去了女性所拥有的优势。

如果总是与别人比较，只在意自己的不足之处，便无法发挥我们本来的优势，工作也无法取得很好的成绩。

比克服弱点更为重要的事

最近，集体成员的多样化被频频提及。

这个观点之所以这样被大家重视，是因为在集体或团队内，多种多样的能力和特点会使成员变得更加强大。

每个人都拥有各种能力，但没有人是无所不能的，同样，毫无能力可言的人也是不存在的。因此，要使团队和集体逐步变强，不应勉强成员去做本身就无法做到的事，而是充分利用每个人本身的能力并使其最大化。

我自己也是在意识到这一点后轻松了不少，并且开始努力重视自己身上的优点。

例如，我比较擅长与人交谈、听人诉说，所以我会一边思考怎样能让下属与客户理解我的意思，一边根据情况调整我说话的内容。就算是说话这样简单的事情我也会好好地下功夫琢磨。此外，如果是需要与客户进行打高尔夫球等商务接待活动时，我也会毫不犹豫地做出决定，交由男性下属去做。

女性的优势与男性的优势

同样是营销岗，有些人会通过详细的数据将产品的优势传达给顾客，而有些人则会直接以饱满的热情向顾客介绍产品的亮点。同时，有些人擅长交流，有些人则擅长聆听；有些人会审时度势，顺水推舟，而有些人则更擅长踏踏实实、一步一个脚印地前进。

男性跟女性各有其特点。同样，男女也都有着专属于自己的优势。这可能只是我个人的看法，我认为男性在“逻辑能力”“计划性”“某段时间的集中能力”方面更优秀，而女性则在“共情能力”“与人交流”“柔韧性”方面更胜一筹。

未来的工作和生活越来越要求女性有较强的逻辑能力。

我认为，如同过去的我一样，固执地坚持“任何时候都不能输给男性”的想法是不可取的，我们可以通过一些方法进行自我提升，比如与逻辑思维能力强的人多交流等，也可以将一些自己无法胜任的工作交给别人来做。

当然，男性也不能想着“绝对不能输给女性”，充分利用好各自的优势才是最重要的。

请求合适的人帮忙，也是工作中一项必要的技能。

“不想输给男性（女性）！”这一想法已经落伍了。

第二节

只要你想，任何时候开始都不算晚

我在本书第三章已经提到过，唯独过去和他人无法改变。回首过往，就算有“当时要是这样做就好了”“要是选择了另一条路就好了”的想法，如今也无能为力。

但是，未来和自己是能够改变的。

当然，你什么也不做，那一切就不会有所变化。**如果现在我们能够行动起来，那么将来一定有所收获。不论是30岁还是40岁，只要开始着手做，任何时候都不算晚。**

我开始将本书第二章中提到过的正面的思考方法真正践行，也是在我35岁左右的时候。当然，人的思考方式发生变化时，语言和行动也会有所变化。

当我意识到正面思考的重要性时，我开始反思，要想充分发挥自己的优势，磨炼自己的才能和个性是十分重要的，于是我开始学习以前就很感兴趣的服装搭配。当你开始学习某样东西时，你所在意的事情也会变得更多。于是在我学习了服装搭配之后，我也开始着手学习茶道和插花。正所谓“爱好生巧匠”，兴趣使然之下学到的东西也都成了我的优势，而且在磨炼自身的才能和个性方面也有卓越的成果。

40岁开始学计算机

从BC转到营销岗，我便以此为契机学习了计算机，那时我已经40岁了，Windows95也刚好是在那个时候推出的。虽然当时我是因为赶时髦而“想要掌握盲打”，但归根结底，还是因为想要熟练地掌握计算机的使用方法才专门去学校学习。

学到新的知识，将原本无法做到的事变成自己掌握的技能，做这样的事我们永远都甘之如饴。也是因为一直很开心地持续学习，我才能够高效地将一些内容整理成资料。同时，掌握的技能不仅帮助我提高了工作效率，在日常生活当中也十分有用。

当时一边工作，周末还要腾出整整一天来上课学习，不仅时间紧张，而且花费也不少，但是现在想来，我还是觉得当时毫不犹豫地去学习是完全正确的决定。

什么都不做会更轻松，日子也能照常过。但是我们为什么会经常后悔有些事没能提前做好呢？

我想各位读者应该都已经知道答案了——光凭想象无法改变任何事情。

当我们开始对某件事有了“想要尝试”“如果不做的话是不行的”这样的念头时，这便是实践的最佳时间点。所以，请大家不要以年龄或是能力不足为借口，一定要尝试迈出第一步。

当你尝试挑战了新的事物后，你的世界会变得更加广阔，而你所付出的努力有朝一日也一定会带给你回报，同时也必定带给你自信。

正是如今的勇气和行动，造就十年后出色的你。

○ 不要以年龄为借口

我真正开始学习英语是在我55岁时。学习英语的契机则是我被调去国际事业部工作。我从来没有想过，自己会有机会去海外部门工作，所以刚开始时对工作感到十分迷茫。但是经过自我调节，我告诉自己这又是一次可以挑战新事物的机会。于是，我开始了一对一的英语学习之旅。

如果将翻译的工作交由擅长英语的下属负责的话，那么我不用特意去学习英语，工作也能够顺利进行，但我并没有这样做。

我想要听到外国同事的第一手意见和建议，也想要将我的一些想法传达给对方。而想要做到这些则必须要学习英语，于是我马上向公司提出了申请。

有些人会因为“发音不标准”“词汇量不足”等而感到羞愧，犹豫不前，但是在我看来，完全不需要在意这些。

这一点我们反过来想便很容易理解了。就算外国人说起日语来结结巴巴的，但因为他们是在努力地用日语表达，就算用错某些单词、发音不是很标准，我们也不会说他们是傻瓜。因为理解他们想表达的东西，是我们母语使用者应该要努力去做的事情。

因为不是自己的母语，所以使用起来不熟练是理所当然的事，也正因为如此我们才会努力地学习。因此，对于自己无法做到的事并不需要觉得不好意思。

刚开始我也无法用英语说出连贯的句子，但在工作时我下定决心融入外国同事中，努力地表达自己的想法。而在我努力表达的同时，外国同事也在努力地理解我所表达的内容，所以完全没有必要觉得害怕。我感到特别开心，于是慢慢地开始挑战自己。

比起害怕在外国人面前说外语，更让我们担心的应该是：尽管想着要去做，但是并未付诸实践，以及明明想着“应该这样做才对”却没有采取任何行动。

此外，不与别人比较也很重要。制订符合自己实际情况的目标，然后努力去完成就可以了。

第三节

职场经验听我说

近些年，许多年轻人并不想有所作为。

能力越出众，地位越高，所负责的工作会越多，承担的责任也会越重。但我想大家都不愿因此而压力倍增，逐渐失去属于自己的时间吧。

我开始接触管理方面的工作是在被调去Dicila时。在第二次管理层考试合格后，我被任命为营业部部长，负责山形、秋田、仙台地区的营销工作。

那个时候我已经45岁了，完全没有想过能在短时间内快速晋升。虽然成绩合格才有可能被调职；但更重要的一点是，当时女性能够参加晋升考试的机会本身就少之又少。

参加这次考试，必须要有不错的工作成绩和上司推荐，但公司里优秀的男性员工已经很多了，而对于年纪越大就越

“稀有”的女性员工来说，这样的机会却寥寥无几。

所以在这一点上，我最大的幸运就是被调去了资生堂的分公司Dicila。Dicila跟资生堂相比，女性员工的人数占比要更高一些，因此女性可以参加相关晋升考试的机会也更多。

当得知要被调去分公司时，我一开始甚至因为不想离开资生堂而潸然泪下，但有句话说得好：“塞翁失马，焉知非福。”

如果改变环境，你就会发现新的挑战

当上司向我推荐，并询问我“要不要试着参加这次管理层的选拔考试”时，我的“育儿”生活已经结束一段时间了，此外，当时我确实也觉得“这是一次难得的机会，所以想尝试一下”。于是和先生商量之后，我决定参加这次考试，“想在更大的赛场中挑战自我”。

如今回过头来再看过往，我也深深地觉得这个决定并没有错。因为在管理层这个更大的赛场中，我积累了更多经验，也遇到了更多人，而正是这一切铸就了现在的我。

参加考试时，我正担任Dicila在整个山形县的营销负责人，同时因为山形县的销售业绩在全国来说还不错，我对自己的业务能力充满自信。但是，当我以营业部部长的身份再参与工作时，却发现自己仍有许多不足之处。

小杯中倒满了水，但当换上更大的容器并想注满它时，只用先前的水是远远不够的。同理，不论自己已经有了多大的进步，当自己所处的环境发生变化，被委以更有难度的任务时，就会发现自己的不足之处（新的挑战）。

而当我们发现新的挑战时，唯一的出路是努力去解决问题。将这些问题逐一解决的过程，也是我们不断成长的过程。

身处管理层所面临的问题之一，就是“如何给下属提供指导和帮助”。起初我有7名下属跟我一起工作，刚开始时我也会有“明明我自己来做会更快一些”“他们到底是为什么连这种事都没办法做到”的想法。

但是当我改变想法，告诉自己“既然是必须要完成的工作，那么就享受其中”时，视角就会有所变化。如此一来，我便会琢磨怎样才能最大限度地激发出下属的能力，OJT培训（在职培训）和OFFJT培训（脱岗培训）要怎样展开才更好。

管理层才能体会到的喜悦

对于上司，无论是谁都有过“要是那个时候能提醒我就好了”“如果能多表扬我一下就好了”这样的想法吧。而对于管理层来说，下属有这样的想法是值得喜悦的事。

以我当时的情况来看，同时指导7名下属有些不太实际，于是我先带着最坦率、学习最快的一名下属进行实地营销的训练，放手让他投入实践并给予他相应的意见。如果最后取得的成绩不错，不仅能够赢得其余6人的信任，对方也能够听取我提供的建议。这一方法不仅十分有效，而且能很好地提高团队整体和每位成员的能力。

此外，以团队的名义完成营销目标，大家其乐融融时，就会产生单枪匹马工作时无法体会到的幸福感和成就感。尤其是在从事了管理层的相关工作之后，看到下属开心的笑脸就是我最开心的事。

就我个人而言，也正是有了这些下属我才能够掌控全局，具备洞察他人优势和劣势的能力。

随着我在职场摸爬滚打时间的不断增长，除却自身的成长，还有下属的进步、团队齐心协力达成某个目标等许多令人开心的事。

○ 所谓事业有成，并不单是身居管理层或出人头地

当然，不以当上管理层领导为目标就不会成长的说法并不正确。

因为就算职务不变，如果能制订适合自己的目标并投入工作当中，也一定能够提升自身能力。

通过在多个岗位工作来积累经验，努力提高专业能力，工作、育儿两不误……这些都是在不断地积累工作经验。

在这个积累的过程当中，所谓工作，归根结底是保证我们好好生活的“食粮”，有些人会想要在个人生活中多花费一些心思，比如“想要刷新全程马拉松的纪录”“想参与一些志愿者活动”等。不论想做什么，最重要的是要怀抱着“我想这样做”“就是想做好这件事”的决心去挑战。

但是，如果仅仅以一种得过且过的态度对待工作和生活，那么就无法收获成就感和满满的喜悦，也会因此虚度人生，浪费许多光阴。

就我的情况而言，从营业部部长到营业部本部长，再到国际事业所负责人，比起被强制性地安排调任，每一次的经验积累都赋予我更多的工作任务。而出现了这些新挑战，我

也必须要让自己不断成长。

从某种意义上来说，不断变化的环境对人的成长十分有利。因为当人被逼到绝境时，就会发挥出前所未有的潜力。职位越高，自我成长的机会就越多。而不断努力的人则如同水一般，如果被转移到更大的容器当中，为了适应新的环境也会不断地改变自己。

所谓事业有成，可能就是在回首过往时“沉淀下来的东西”。如果现在的你也在探求工作的价值，不妨试着认真思考一下工作积累这一选项。如果能够做到不惧失败、勇敢向前，那么未来的每一天，都会比前一天的自己更加强大。

不要逃避现状。要接受外界给你的机会并将其最大化地利用。

第四节

转变思考和说话方式，开启人生新篇章

政治场合中呼吁推进“女性活跃”由来已久，而且我认为，今后在日本经济、社会中起到引领作用的将会是女性。

家庭生活中食品、日用品等的添置自然不必多说，购房、买车时最后的决定也大都是由妻子，也就是女性来做出。这说明家庭中还是由女性掌握消费大权。

也就是说对于企业而言，在今后的经营当中，务必要重视女性客户群体为主导的这一特点。

即便是现在，我也会每年两次去到门店跟普通店员一样站着接待顾客。因为我想好好感受门店的整体氛围，站在消费者的角度看待问题。

虽然如此短暂的时间并不能面面俱到，但是通过与客户、门店经营者、BC的直接接触，我可以知道一些在问卷调查、市场调查中了解不到的东西。

在目前资生堂的董事中，有接待顾客经历的只有我一个人。

作为女性，我对门店经营者、BC和顾客都有一种亲近感。这对于担任美容行业董事的我来说是一种优势，也是我存在的价值。也正因为如此，我扮演着顾客和销售人员的“代言人”，时刻谨记将我所了解的东西传达给公司。

注意自己所说的每句话

作为美容公司的董事，我所追求的就是为顾客提供高品质的服务。

正如我在“序言”中所提到的那样，消费者的价值观是不断变化并且多样化的。而资生堂也从顾客的角度出发，在产品制作和交流方面下了很多功夫，即为客户创造出多种价值。我们通过接待顾客，让顾客充分体会到购物时的幸福感和满足感，顾客可以体验到超越商品本身价值的高质量服务。

为了让每一位顾客都能感受到这种超值服务，首要的一点就是磨炼BC的体贴度。不仅是学习知识和提高技术，还要改变他们的处事方法和意识。

为此我经常在演讲中，与大家分享撒切尔夫人的名言。

注意你的思想，它会变为语言。

注意你的语言，它会变为行动。

注意你的行动，它会变为习惯。

注意你的习惯，它会变为性格。

注意你的性格，它会变为命运。

主导我们言行举止的就是我们的思考方式。所以我希望大家首先要注意学会积极思考。

此外也希望大家留意自己的语言。我认为你所说的话足以影响你的人生，同时可以改变你周围的人。积极的言辞能够带给自己和别人力量，而消极的表达则会让大家都心情低落。

希望各位读者可以注意自己所说的每句话，养成良好的习惯。

养成道谢的习惯，永怀感恩之心

作为留意语言表达的第一步，我希望大家养成每天说10次以上“谢谢”的习惯。在这一点上，我已坚持了25年。

比如，对帮你按电梯楼层的人要说“谢谢”而非“麻烦了”。

有意识地养成道谢的习惯后你就会发现，我们身边有很多应当感谢的人。然后就会懂得感恩。

发自内心的感谢之意就是款待他人之心的根源。

不论是公司老板还是普通员工，都离不开顾客的信赖。如果可以牢记这一点，永怀谢意，自然能够做到“一切为了顾客”。

不仅仅是对顾客，当对方是上司或下属时也是同样的道理。比如，虽然被上司责骂，但若可以明白对方是为了自己好并且心怀谢意，便能够客观地看待这件事，这也会成为促进自己成长的一次很好的机会。

我想，读这本书的各位一定都有强烈的意愿要改变自己、快速成长。人如果有这样的念头，就一定会发生改变。我自己也是如此。

最后，我还有一个小小的请求。既然大家都已经都坚持读到了这里，那么就将本书中让你印象深刻的地方转达给三个朋友吧。哪怕是一处也好，请大家将其做到实处。也请大家从今天开始，一定要养成“积极思考”“传达正能量”的习惯。

衷心祝愿大家都能活出自我，活得精彩。

结束语

最初写这本书时我是很犹豫的，因为觉得像我这样的人似乎并没有出书的必要。但是又觉得机会难得，想着如果这些年来我在资生堂工作的经验和学到的知识哪怕能帮助到一个人也好，那我也非常开心了，于是便决定挑战一下自己。

而写这本书对于我来说，也是一次回首40多年职场生活、重新思考人生的机会。

回忆往昔，我深深地感觉到在自己的人生中，也有那么几处转折点，并且当时所选择的路都成就了现在的我。

比如，放弃教师梦来资生堂工作、35岁明白了“积极思考”的重要性、40岁担任分公司营业部本部长。这些都是我人生中的转折点。当然，当时的我并没有意识到这一点。

现在想来，每一次经历都是我得以成长的重要节点。

而这每一次经历的共同点便是我都经历了难熬的挫折和失败。我想，当一个人能够战胜不安、悲伤、煎熬时，便会涅槃重生，获得极大的成长。

所以我希望现在正在碰壁、经历磨难的人可以将之视为一次成长的机会，然后积极地看待这一切，迈出最重要的第一步。

在这里，我将自己时刻铭记在心底的一句话送给未来无限光明的各位：

“人过留迹，一花足矣。”

这是在写作方面负有盛名的石川洋先生的一句话。

石川洋先生曾这样说过：“如同每个人都有适合自己的生存之道一般，能在这世间留下一朵属于自己的花，也不枉在人世间走一遭。”

作为诸多职场女性中的一员，我也想在这一生中绽放一朵属于自己的花。希望各位能找到适合自己的工作方法、生存方法，努力在未来的某一天开出属于自己的花。若本书能为你提供一点帮助，我将不胜荣幸。

最后我衷心地感谢一直以来在资生堂集团中，给予我诸多帮助的上司、前辈、后辈以及在工作和生活中理解我、支持我的朋友，同时感谢体谅我、充当我的精神支柱的家人。衷心地感谢大家。

还要感谢一开始与我商谈出版事宜的菅野先生、朝日新闻出版社的高桥先生以及在编辑工作中不辞辛劳的小川先生。